聘用合同

公司年度总结报告

员工手册

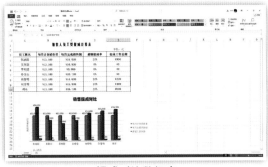

提成对比数据表

售后服务保障卡

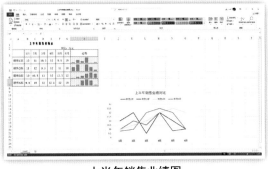

上半年销售业绩图

公司年度考核表

商业计划书

产品推广PPT

店铺销售数据透视表

公司宣传PPT

商场购物指南PPT

教学课件PPT

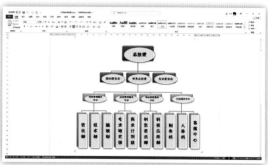

公司组织结构图

公司产品简介PPT

公司内刊

Word Excel PPT

高效办公（微视频版）

马丹丹　郭俊凤　编著

清华大学出版社

北京

内 容 简 介

本书以通俗易懂的语言、翔实生动的案例全面介绍了Office 2021办公软件的使用方法和技巧。全书共分12章，内容涵盖了Word办公文档基础编排，Word办公文档图文混排，Word办公文档样式模板，在Excel表格中输入和编辑数据，运用公式与函数计算数据，在Excel表格中整理和分析数据，应用图表和数据透视表，编辑幻灯片内容，幻灯片动画设计，设计交互式PPT，放映和发布PPT，三组件融合办公处理等，力求为读者带来良好的学习体验。

与书中内容同步的案例操作二维码教学视频可供读者随时扫码学习。本书具有很强的实用性和可操作性，可以作为初学者的自学用书，也可以作为人力资源管理人员、商务及财务办公管理人员的首选参考书，还可作为高等院校的教材。

本书配套的电子课件、实例源文件、扩展教学视频可以到http://www.tupwk.com.cn/downpage网站下载，也可以扫描前言中的二维码获取。扫描前言中的视频二维码可以直接观看教学视频。

图书在版编目（CIP）数据

Word Excel PPT 高效办公：微视频版 / 马丹丹，郭俊凤编著 . —北京：清华大学出版社，2022.8
ISBN 978-7-302-61138-7

Ⅰ．① W… Ⅱ．①马… ②郭… Ⅲ．①办公自动化—应用软件 Ⅳ．① TP317.1

中国版本图书馆CIP数据核字(2022)第110344号

责任编辑：胡辰浩
封面设计：高娟妮
版式设计：妙思品位
责任校对：成凤进
责任印制：杨 艳

出版发行：清华大学出版社
    网　　址：http://www.tup.com.cn，http://www.wqbook.com
    地　　址：北京清华大学学研大厦A座　　　　邮　　编：100084
    社 总 机：010-83470000　　　　　　　　　邮　　购：010-62786544
    投稿与读者服务：010-62776969，c-service@tup.tsinghua.edu.cn
    质 量 反 馈：010-62772015，zhiliang@tup.tsinghua.edu.cn
印 装 者：三河市铭诚印务有限公司
经　　销：全国新华书店
开　　本：185mm×260mm　　印　张：20　　插　页：1　　字　数：426千字
版　　次：2022年9月第1版　　　　　　　　　印　　次：2022年9月第1次印刷
定　　价：108.00元

产品编号：087152-01

本书结合大量实例，深入介绍使用 Office 2021 办公软件在制作 Word 办公文档、Excel 电子表格、PowerPoint 演示文稿及三大组件融合办公等方面的操作方法与技巧。书中内容结合当前实际商务办公方面的需求进行讲解，除图文讲解外，还有详细的案例视频操作，可以帮助用户轻松掌握 Office 2021 办公软件在商务办公中的各种应用方法。

本书主要内容

第 1 章通过制作"聘用合同"和"员工手册"等文档，详细介绍 Word 文档的编辑和排版的基础功能。

第 2 章通过制作"售后服务保障卡""公司组织结构图"和"员工业绩考核表"等文档，详细介绍在文档中编辑图文和表格的操作方法。

第 3 章通过制作"公司年度总结报告""商业计划书"和"档案管理制度"等文档，详细介绍应用和编辑文档样式，以及下载和制作模板等内容。

第 4 章通过制作"员工档案表""销售业绩表"和"中标记录表"等表格，详细介绍在 Excel 表格中输入与编辑数据的操作方法。

第 5 章通过制作"公司考核表"和"工资表"等表格，详细介绍在 Excel 表格中计算及统计数据的操作方法。

第 6 章以制作"工资表"分析数据为例，详细介绍在 Excel 表格中整理和分析数据的操作方法。

第 7 章以制作"提成对比图""上半年销售业绩图"和"销售数据透视表"等表格为例，详细介绍在 Excel 表格中应用图表和数据透视表的操作方法。

第 8 章以制作"产品推广 PPT"和"旅游宣传 PPT"等演示文稿为例，详细介绍制作和编辑幻灯片的操作方法。

第 9 章以设置"公司宣传 PPT"演示文稿为例，详细介绍在幻灯片中制作动画和设置动画选项的操作方法。

第 10 章以制作"公司产品简介 PPT"演示文稿为例，详细介绍在幻灯片中快速跳转或快速启动某个程序的交互性操作方法。

第 11 章以设置"教学课件 PPT"演示文稿为例，详细介绍管理演示文稿放映和发布演示文稿的操作方法。

第 12 章详细介绍 Word 与 Excel 的融合办公、Word 与 PowerPoint 的融合办公、Excel 与 PowerPoint 的融合办公。

本书主要特色

☐ **职场案例活学活用，思维导图统一思路**

本书详细讲解多个常用职场案例的制作方法，涉及行政文秘、人力资源、财务会计、市场营销等常见应用领域。全书以案例贯穿的讲解方法让读者学习和操作并行，学完即能将所学知识运用到实际工作中。每个案例开篇通过清晰的"思维导图"来帮助读者理清本章内容，让读者循序渐进，轻松掌握在职场中制作此类文档的目的和步骤，带着全局观来学习本章内容。

☐ **内容结构安排合理，案例操作一扫即看**

本书在进行案例讲解时，都配备相应的教学视频，详细讲解软件的操作要领，读者可结合软件快速领会操作技巧，同时提升自身的实操能力。案例中的各个知识点在关键处均给出提示或注意事项，每章最后还有"专家答疑"部分让读者掌握操作技巧。每章中安排"通关练习"部分让读者进行巩固训练，同时考查读者能否通过本章的学习实现技能升级。

☐ **免费提供配套资源，全方位扩展应用水平**

本书提供电子课件、实例源文件及与本书内容相关的扩展教学视频。读者可以通过扫描二维码或登录本书信息支持网站 (http://www.tupwk.com.cn/downpage) 下载相关资料。扫描下方的视频二维码可以直接观看本书配套的教学视频。

扫一扫，看视频　　　　　　扫码推送配套资源到邮箱

本书由佳木斯大学的马丹丹和哈尔滨金融学院的郭俊凤合作编写，其中马丹丹编写了第 1、2、5、8、10、11、12 章，郭俊凤编写了第 3、4、6、7、9 章。由于作者水平有限，本书难免有不足之处，欢迎广大读者批评指正。我们的邮箱是 992116@qq.com，电话是 010-62796045。

编　者

2022 年 4 月

Word 办公篇

第 9 章
幻灯片动画设计

第 10 章
设计交互式 PPT

第1章

Word 办公文档基础编排

Word 2021 是美国 Microsoft 公司推出的最新版本的文字编辑处理软件，是 Office 2021 套件中的一个组件，也是最常使用的办公文档处理软件之一。使用它可以轻松地输入和编排文字及图片。本章将通过制作"聘用合同"和"员工手册"等文档，介绍 Word 2021 文档编辑和排版的基础功能。

● 本章要点：

- ✔ 设置字体和段落
- ✔ 设置大纲和目录
- ✔ 插入页眉和页码
- ✔ 打印文档

● 文档展示：

1.1 制作"聘用合同"

扫一扫 看视频

案例解析

　　聘用合同是公司常用的文档资料之一。一般情况下，企业可以在遵循劳动法律法规的前提下，根据自身情况，制定合理、合法、有效的聘用合同。本案例使用 Word 的文档编辑功能，详细介绍制作聘用合同类文档的具体步骤。其图示和制作流程图分别如图 1-1 和图 1-2 所示。

图示：

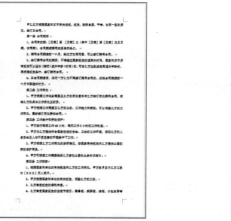

图 1-1　"聘用合同"图示

制作流程图：

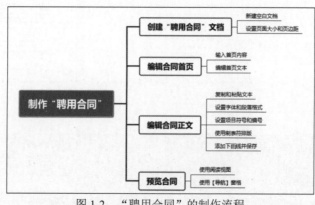

图 1-2　"聘用合同"的制作流程

1.1.1　创建"聘用合同"文档

在制作"聘用合同"文档前，首先需要创建一个 Word 文档，并将其文档格式设置成规范格式。

① 新建空白文档

编排文档前需要在正确的路径位置创建并保存文档。

01 新建文档：启动 Word 2021，选择【新建】选项卡，单击【空白文档】按钮，如图 1-3 所示。

02 选择【浏览】选项：单击【保存】按钮 ，打开【另存为】选项卡，选择【浏览】选项，如图 1-4 所示。

图 1-3　单击【空白文档】按钮　　　　图 1-4　选择【浏览】选项

03 设置保存：打开【另存为】对话框，输入名称"聘用合同"，设置保存路径，然后单击【保存】按钮，如图 1-5 所示。

04 显示文档名：此时该文档名为"聘用合同"，显示在标题栏中，如图 1-6 所示。

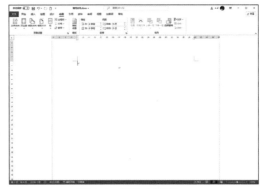

图 1-5　【另存为】对话框　　　　　　图 1-6　显示文档名

② 设置页面大小和页边距

通常情况下，聘用合同的页面大小选择 A4 页面，上下页边距为 2.5 厘米，左右页边距为 3 厘米。

01 选择纸张大小：打开【布局】选项卡，单击【纸张大小】按钮，选择【A4】选项，如图 1-7 所示。

02 设置页边距：在【页面设置】组中单击【对话框启动器】按钮，打开【页面设置】对话框，设置上下页边距为 2.5 厘米，左右页边距为 3 厘米，如图 1-8 所示，单击【确定】按钮。

图 1-7　选择【A4】选项

图 1-8　设置页边距

1.1.2　编辑合同首页

设置完成"聘用合同"文档的基本格式后，即可编辑合同首页。首页内容应说明文档的性质，格式应简洁大方。

1 输入首页内容

01 输入首行文字：定位光标并输入第一行文字，如图 1-9 所示。

02 换行继续输入：按 Enter 键换行，继续输入第二行文字，如图 1-10 所示。

图 1-9　输入文字

图 1-10　换行输入文字

03 继续输入文字：按照同样的方法，完成首页文字的输入，如图 1-11 所示。

2 编辑首页文本

01 设置字体格式：首先选择"聘用合同"文字，在【开始】选项卡的【字体】组

中设置字体为【宋体】、字号为【初号】、加粗，在【段落】组中单击【居中】按
钮设置文本居中对齐，如图 1-12 所示。

图 1-11　继续输入文字　　　　　　　　图 1-12　设置文字格式

02　设置行间距：在【开始】选项卡的【段落】组中单击【对话框启动器】按
钮 ，打开【段落】对话框，在【缩进和间距】选项卡中设置【段前】为【4 行】，
设置【行距】为【1.5 倍行距】，单击【确定】按钮，如图 1-13 所示。

03　选择【调整宽度】命令：选中标题文字，在【开始】选项卡的【段落】组中单击【中
文版式】按钮 ，在弹出的下拉列表中选择【调整宽度】命令，如图 1-14 所示。

图 1-13　设置行间距　　　　　　　　图 1-14　选择【调整宽度】命令

04　调整宽度：打开【调整宽度】对话框，将【新文字宽度】设置为【7 字符】，
单击【确定】按钮，此时标题文字效果如图 1-15 所示。

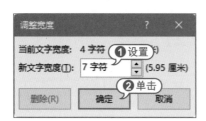

图 1-15　调整文字宽度

05 设置"合同编号"字体：选中第二段文字，设置字体为【宋体(中文正文)】、字号为【三号】、加粗，在【段落】组中单击【右对齐】按钮 ≡ 设置文字右对齐，效果如图 1-16 所示。

06 设置缩进量：选中最后两段文字，设置字体为【宋体(中文正文)】、字号为【三号】、加粗，在【段落】组中不断单击【增加缩进量】按钮 ≡ ，即可以一个字符为单位向右侧缩进至合适位置，如图 1-17 所示。

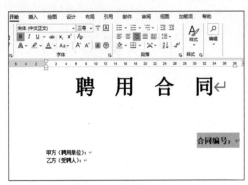

图 1-16　设置文字格式

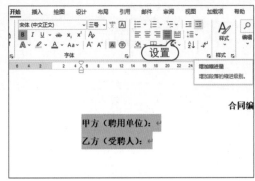

图 1-17　设置缩进量

07 调整行距：选中最后两段文字，在【开始】选项卡的【段落】组中单击【行和段落间距】按钮，在弹出的下拉列表中选择【2.5】选项，表示将行距设置为 2.5 倍行距，如图 1-18 所示。

08 调整段间距：分别选中最后两段文字，单击【段落】组中的【对话框启动器】按钮 ，打开【段落】对话框，设置第一段段前间距为 8 行，如图 1-19 所示，设置第二段段后间距为 8 行。

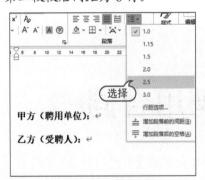

图 1-18　调整行距

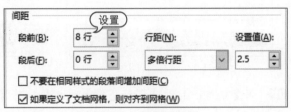

图 1-19　调整段间距

09 添加下画线：在"甲方""乙方"的中间和右侧添加合适的空格，选中右侧的空格，在【开始】选项卡的【字体】组中单击【下画线】按钮 U ，此时即可为选中的空格加上下画线，如图 1-20 所示。

10 查看首页：此时可以查看制作完成的合同首页，效果如图 1-21 所示。

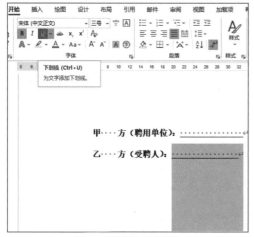

图 1-20　添加下画线

图 1-21　首页效果

1.1.3　编辑合同正文

合同首页制作完成后，即可录入文档内容。在录入内容时，需要对内容进行排版设置，并需灵活使用格式刷进行格式设置。

1 复制和粘贴文本

在录入和编辑文档内容时，有时需要从外部文件或其他文档中复制一些文本内容，本例将从素材文本文件中复制劳动合同内容到 Word 中进行编辑。

01 复制文本：首先按 Ctrl+A 组合键全选文本内容，右击并选择【复制】命令复制所选内容，如图 1-22 所示。

02 粘贴文本：将光标定位于第二页开头，按 Ctrl+V 组合键粘贴内容到 Word 文档中，如图 1-23 所示。有时复制文本会出现空格或空行，用户可以使用删除键删去多余的空格以进行调整。

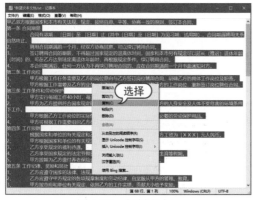

图 1-22　复制文本

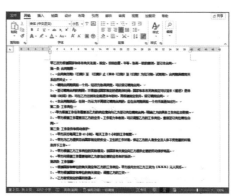

图 1-23　粘贴文本

② 设置字体和段落格式

01 设置正文字体：选中正文内容，设置字体为【宋体(中文正文)】、字号为【小四】，如图 1-24 所示。

02 设置段落格式：选中正文内容，打开【段落】对话框，设置【首行缩进】为 2 字符，【行距】为 1.5 倍，如图 1-25 所示。

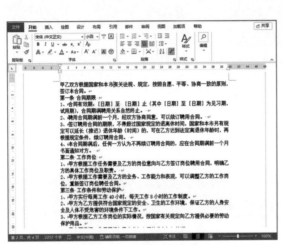

图 1-24　设置正文字体

图 1-25　设置段落格式

③ 设置项目符号和编号

使用项目符号和编号可以对文档中并列的项目进行组织，或者将内容的顺序进行编号，以使这些项目的层次结构更加清晰、更有条理。Word 2021 提供了多种标准的项目符号和编号。

01 设置项目符号：选中正文中需要添加项目符号的文字段落，单击【开始】选项卡【段落】组中的【项目符号】下拉按钮，在弹出的下拉列表中选择【项目符号库】中的一种项目符号，如图 1-26 所示。

02 设置编号：选中正文中需要添加编号的文字段落，单击【开始】选项卡【段落】组中的【编号】下拉按钮，在弹出的下拉列表中选择【编号库】中的一种编号，如图 1-27 所示。

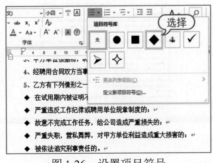

图 1-26　设置项目符号

图 1-27　设置编号

④ 使用制表符排版

使用制表符：在标尺上单击添加一个【左对齐式制表符】符号┗，将光标移到"乙方签字"文本前，然后按 Tab 键，此时光标后的文本自动与制表符对齐，如图 1-28 所示；也可使用相同的方法，用制表符定位其他文本。

⑤ 添加下画线并保存

01 添加下画线：在"甲方名称："""代表签字："等文本后添加下画线，如图 1-29 所示。

02 保存文档：单击【保存】按钮保存文档。

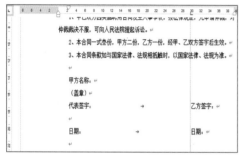

图 1-28　使用制表符对齐文字

图 1-29　添加下画线

案例解析

　　若要创建制表符，首先应打开标尺(选中【视图】|【显示】|【标尺】复选框可显示标尺)，然后在左侧边缘的制表符选择器内选择某一种对齐方式的制表符，再在标尺上单击即可添加制表符，如图 1-30 所示。

图 1-30　添加制表符

1.1.4　预览合同

　　在编排完文档后，通常需要对文档排版后的整体效果进行查看，本节将以不同的方式对合同文档进行查看。

① 使用阅读视图

Word 2021 提供阅读模式，在阅读模式中单击左右的箭头按钮即可完成翻屏。

01 阅读视图模式：在【视图】选项卡中单击【视图】组中的【阅读视图】按钮，如图 1-31 所示。

02 翻屏阅读：进入阅读视图状态，单击左右的箭头按钮即可完成翻屏，如图 1-32 所示。

图 1-31　单击【阅读视图】按钮

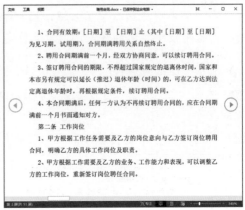

图 1-32　单击箭头按钮

② 使用【导航】窗格

　　Word 2021 提供了可视化的【导航】窗格。使用【导航】窗格可以快速查看文档结构图和页面缩略图，从而帮助用户快速定位文档位置。

01 打开【导航】窗格：在【视图】选项卡选中【显示】组中的【导航窗格】复选框，即可打开【导航】窗格，如图 1-33 所示。

02 浏览文档：在【导航】窗格中选择【页面】选项卡，即可查看文档的页面缩略图；在查看缩略图时，可以拖动右边的滑块查看文档，如图 1-34 所示。

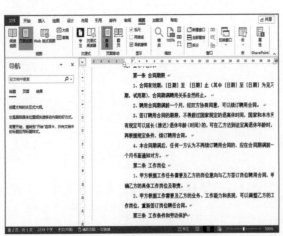

图 1-33　打开【导航】窗格

图 1-34　选择【页面】选项卡浏览页面缩略图

1.2　制作"员工手册"

案例解析

　　员工手册的内容主要为企业内部的人事制度管理规范，其内容涵盖企业的各个方面，承载传播企业形象、企业文化功能。它是有效的企业管理工具、员工行动指南。本案例使用 Word 编排员工手册，主要讲解在文档中设置页眉、页码、目录等内容。其图示和制作流程图分别如图 1-35 和图 1-36 所示。

图示：

图 1-35　"员工手册"图示

制作流程图：

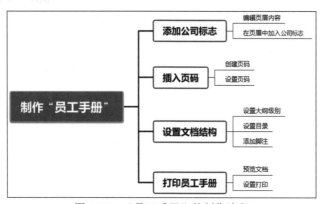

图 1-36　"员工手册"的制作流程

1.2.1　添加公司标志

　　员工手册是企业的正式文档之一，在建立好文档后，应在文档的封面、页眉和页脚处添加公司的名称、标志等信息，以显示这是专属于某公司的规章制度。

① 编辑页眉内容

　　页眉和页脚通常用于显示文档的附加信息，如页码、时间和日期、作者名称、单位名称、徽标或章节名称等内容。此处为"员工手册"文档插入，并设置页眉文字内容。

01 双击页眉：在页眉位置双击鼠标即可进入页眉和页脚的设置状态，且在页眉下方会出现一条横线和段落标记符，如图 1-37 所示。

02 隐藏边框线：选中段落标记符，打开【开始】选项卡，在【段落】组中单击【边框】按钮，在弹出的菜单中选择【无框线】命令，如图 1-38 所示，隐藏页眉的边框线。

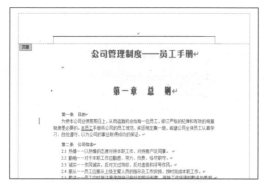

图 1-37　进入页眉和页脚的设置状态　　　　图 1-38　选择【无框线】命令

03 输入文本：将光标定位在段落标记符上，输入文本，然后设置字体为【华文行楷】、字号为【小三】、字体颜色为棕色，文本右对齐显示，如图 1-39 所示。

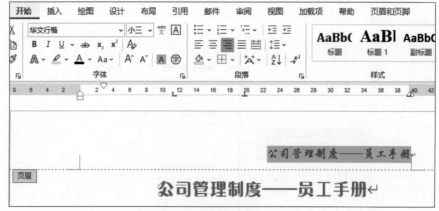

图 1-39　输入并设置文本

② 在页眉中加入公司标志

　　公司标志是企业形象和文化的反映。接下来要进行的是在文档中的页眉处插入公司标志，然后调整插入图片的大小和位置。

01 单击【图片】按钮：将插入点定位在页眉文本右侧，打开【插入】选项卡，在【插图】组中单击【图片】按钮，在弹出的下拉列表中选择【此设备】命令，如图 1-40 所示。

02 选择图片：打开【插入图片】对话框，选择一张图片，单击【插入】按钮，如图 1-41 所示。

图 1-40　选择【此设备】命令

图 1-41　【插入图片】对话框

03 选择图片：拖动鼠标调整图片的大小和位置，如图 1-42 所示。

图 1-42　调整图片的大小和位置

1.2.2　插入页码

　　页码是给文档每页所编的号码，是书籍每一页面上标明次序的号码或其他数字，用于统计书籍的面数，便于读者阅读和检索。

① 创建页码

　　默认情况下，Word 文档都从首页开始插入页码，如果用户想从正文部分插入页码，则可以利用分页符隔断页码。

01 选择【滚动】选项：将插入点定位在第 1 页中，打开【插入】选项卡，在【页眉和页脚】组中单击【页码】按钮，在弹出的菜单中选择【页面底端】命令，在【带有多种形状】类别框中选择【滚动】选项，如图 1-43 所示。

02 插入页码：此时在第 1 页的页脚处插入该样式的页码，如图 1-44 所示。

图 1-43　选择【滚动】选项

图 1-44　插入页码

2 设置页码

在文档中，如果需要使用不同于默认格式的页码，则需要对页码的格式进行设置。用户可以打开【页码格式】对话框进行设置。

01 选择【设置页码格式】命令：打开【插入】选项卡，在【页眉和页脚】组中单击【页码】按钮，在弹出的菜单中选择【设置页码格式】命令，如图 1-45 所示。

02 在【页码格式】对话框中进行设置：打开【页码格式】对话框，选择 1 种编号格式，然后单击【确定】按钮，如图 1-46 所示。

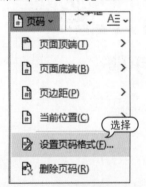

图 1-45　选择【设置页码格式】命令

图 1-46　【页码格式】对话框

03 设置页码颜色：选中页码中的文字，在【开始】选项卡中单击【字体颜色】按钮，在打开的颜色面板中选择 1 种颜色，如图 1-47 所示。

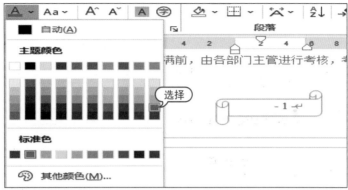

图 1-47　选择页码颜色

1.2.3　设置文档结构

文档创建完成后，为方便阅读，用户可以为文档添加一个目录。使用目录可使文档的结构更加清晰，便于阅读者对整个文档进行定位。

◇ 设置大纲级别

生成目录之前，要先根据文本的标题样式设置大纲级别，大纲级别设置完成后，即可在文档中插入目录。

01 单击按钮：选中文档中的一级标题，单击【段落】组中的【对话框启动器】按钮，如图 1-48 所示。

02 设置 1 级标题：在打开的【段落】对话框中设置【大纲级别】为【1 级】，此时便完成第一个标题的大纲级别设置，如图 1-49 所示。

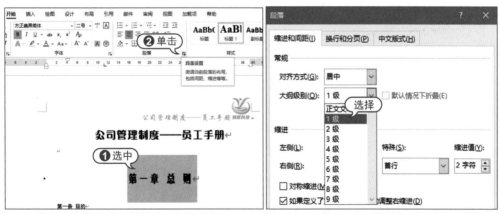

图 1-48　单击【对话框启动器】按钮　　　　图 1-49　设置大纲级别

03 单击【格式刷】按钮：选中完成大纲级别设置的标题，然后单击【剪贴板】组中的【格式刷】按钮，如图 1-50 所示。

04 使用格式刷：此时鼠标变成了刷子形状，用鼠标选中同属于一级大纲的标题，即可将大纲级别格式进行复制，如图 1-51 所示。使用同样的方法，完成文档中所有一级标题的设置。

图 1-50　单击【格式刷】按钮

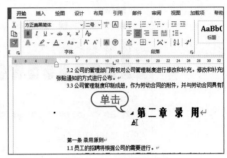

图 1-51　复制格式

05 设置 2 级标题：选中二级标题，在打开的【段落】对话框中设置【大纲级别】为【2 级】，如图 1-52 所示。

06 浏览 1 级和 2 级标题：使用同样的方法，完成文档中所有二级标题的设置，打开【导航】窗格可浏览 1 级和 2 级标题，如图 1-53 所示。

图 1-52　设置 2 级标题

图 1-53　浏览 1 级和 2 级标题

设置目录

大纲级别设置完毕后，就可以生成目录了。生成目录的具体步骤如下。

01 选择【自定义目录】选项：将光标定位在需要生成目录的位置，切换到【引用】选项卡，选择【目录】下拉菜单中的【自定义目录】选项，如图 1-54 所示。

02 设置【目录】对话框：打开【目录】对话框，选中【显示页码】复选框，设置【显示级别】为【2】，单击【确定】按钮，如图 1-55 所示。

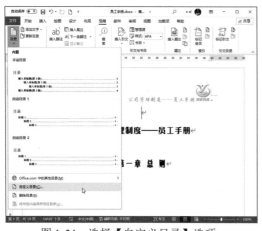

图 1-54　选择【自定义目录】选项

图 1-55　【目录】对话框

03 调整目录：此时已完成文档的目录生成，需为目录页添加"目录"二字，并且调整其字体和大小，如图 1-56 所示。

04 设置目录格式：选取整个目录，在【开始】选项卡的【字体】组中选择【华文中宋】选项，设置【字号】为【小四】，目录的显示效果如图 1-57 所示。

图 1-56　调整"目录"二字的字体和大小

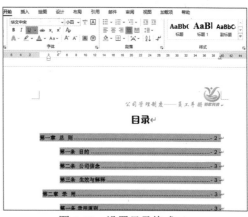

图 1-57　设置目录格式

❸ 添加脚注

在 Word 2021 中，打开【引用】选项卡，在【脚注】组中单击【插入脚注】按钮或【插入尾注】按钮，即可在文档中插入脚注或尾注。

01 单击【插入脚注】按钮：将插入点定位在要插入脚注的文本"《劳动法》"后面，然后打开【引用】选项卡，在【脚注】组中单击【插入脚注】按钮，如图 1-58所示。

02 输入脚注文本：此时该页面会出现脚注编辑区，直接输入文本即可，如图 1-59所示。

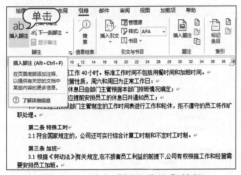

单击
插入脚注 (Alt+Ctrl+F)
在页面底部添加注释，以提供有关您的文档中某些内容的更多信息。
了解详细信息
第二条 特殊工时
2.1 符合国家规定的，公司还可实行综合计算工时制和不定时工时制。
第三条 加班
3.1 根据《劳动法》有关规定,在不损害员工利益的前提下,公司有权根据工作和经营需要安排员工加班。

图 1-58　单击【插入脚注】按钮

输入

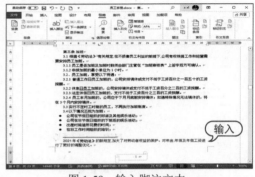

图 1-59　输入脚注文本

03 显示脚注：插入脚注后，文本后将出现脚注引用标记，将鼠标指针移至该标记，将显示脚注内容，如图 1-60 所示。

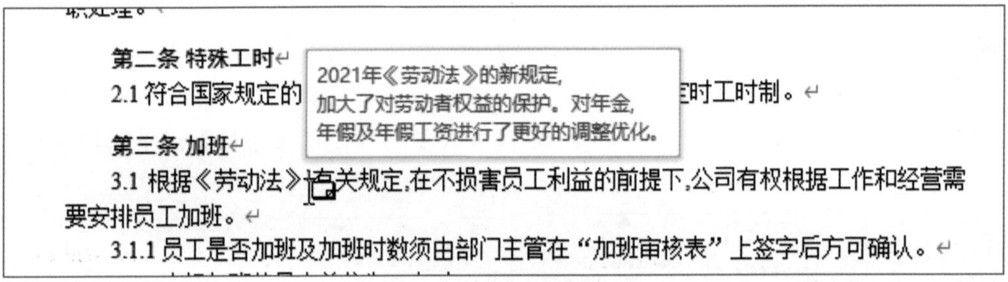

第二条 特殊工时
2.1 符合国家规定的
2021年《劳动法》的新规定,
加大了对劳动者权益的保护。对年金,
年假及年假工资进行了更好的调整优化。
定时工时制。
第三条 加班
3.1 根据《劳动法》有关规定,在不损害员工利益的前提下,公司有权根据工作和经营需要安排员工加班。
3.1.1 员工是否加班及加班时数须由部门主管在“加班审核表”上签字后方可确认。

图 1-60　显示脚注内容

1.2.4　打印员工手册

完成文档的制作后，可以先对其进行打印预览，然后按照用户的不同需求进行修改和调整，并对打印文档的页面范围、打印份数和纸张大小等参数进行设置，最后将文档打印出来。

1 预览文档

打印预览的效果与打印的实际效果非常接近，使用该功能可以避免打印失误或不必要的损失。另外，还可以在预览窗格中对文档进行编辑，以得到满意的效果。

01 选择【打印】选项：在文档中单击【文件】按钮后选择【打印】选项，在打开界面右侧的预览窗格中可以预览文档的打印效果，如图 1-61 所示。

02 调整文档页面：在预览文档时，可以浏览文档的页边距等设置与文字内容是否搭配，然后进行调整，如图 1-62 所示。

图 1-61　选择【打印】选项

图 1-62　调整页边距

设置打印

预览文档确定准确无误后，即可进行打印份数、打印范围等参数的设置，设置完成后便可以开始打印文档。

01 设置打印份数和范围：根据需要设置打印份数，单击【份数】右侧的三角形按钮，即可加减份数；设置打印的范围，可以选择打印所有页面或者当前页面，或是自定义设置打印范围，如图 1-63 所示。

02 开始打印：当完成打印设置后，单击【打印】按钮，即可开始打印文档，如图 1-64 所示。

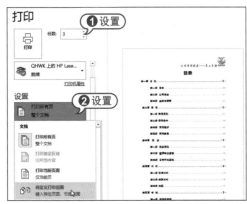
图 1-63　设置打印份数和范围

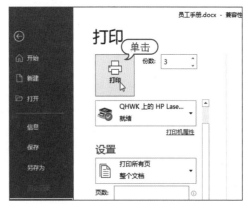
图 1-64　单击【打印】按钮

1.3 通关练习

扫一扫 看视频

通过前面内容的学习，读者应该掌握了在 Word 中进行办公文档内容的基本编辑和排版技能。下面介绍制作"行业报告"这一案例，用户可以通过练习巩固本章所学知识。

案例解析

行业报告是对本行业市场情况进行系统分析的文档，是经过行业资深人士的分析和研究，对当前行业、市场做出的研究分析和预测。本节主要介绍制作"行业报告"文档的关键步骤，其图示和制作流程图分别如图 1-65 和图 1-66 所示。

图示：

图 1-65 "行业报告"图示

制作流程图：

图 1-66 "行业报告"的制作流程

关键步骤

01 创建文档：使用 Word 2021 创建名为"行业报告"的文档，并在合适位置加以保存，如图 1-67 所示。

02 粘贴文字：在素材文件中复制文本，然后在"行业报告"文档中粘贴文本，如图 1-68 所示。

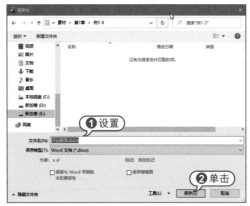

图 1-67　保存文档

图 1-68　复制并粘贴文本

03 设置段落格式：选中文档中所有的文字内容，然后打开【段落】对话框，设置段落格式，如图 1-69 所示。

04 设置标题大纲级别：选中文字，设置其大纲级别，如图 1-70 所示。

图 1-69　设置段落格式

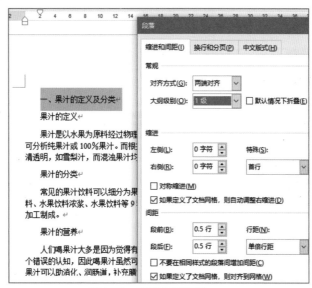

图 1-70　设置大纲级别

05 添加编号：选中文字，选择并添加一种编号选项，如图 1-71 所示。

06 添加目录：为文档添加并设置目录，如图 1-72 所示。

图 1-71　选择编号选项

图 1-72　添加目录

 1.4　专家解疑

如何添加功能区中的工具按钮？

　　读者可以根据需要在功能区中添加新选项卡和新组，以及增加新组中的按钮。

01 选择【文件】|【选项】命令，如图 1-73 所示，打开【Word 选项】对话框。

02 选择【自定义功能区】选项卡，在【从下列位置选择命令】下拉列表中选择【所有命令】选项，并在下面的列表框中选择需要添加的工具，然后单击【添加】按钮将其添加到相应的功能区选项卡中，如图 1-74 所示。

图 1-73　选择【文件】|【选项】命令

图 1-74　添加工具

第2章 Word 办公文档 图文混排

　　在 Word 文档中适当地插入图片和图形、表格等，不仅会使文章显得生动有趣，还能帮助读者更直观地理解文档内容。本章将通过制作"售后服务保障卡""公司组织结构图"和"员工业绩考核表"文档，介绍使用 Word 2021 编辑图文及表格的内容。

◉ 本章要点：

- ✓ 绘制形状
- ✓ 插入 SmartArt 图形
- ✓ 插入图片
- ✓ 创建表格

◉ 文档展示：

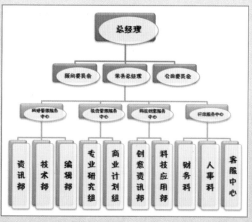

2.1 制作"售后服务保障卡"

扫一扫 看视频

案例解析

售后服务保障卡是产品售后服务使用的卡片文档。本案例使用 Word 的图文混排功能，详细介绍制作售后服务保障卡的具体步骤。其图示和制作流程图分别如图 2-1 和图 2-2 所示。

图示：

图 2-1 "售后服务保障卡"图示

制作流程图：

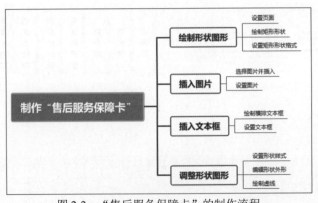

图 2-2 "售后服务保障卡"的制作流程

2.1.1　绘制形状图形

制作售后服务保障卡，首先需要绘制矩形形状图形来作为整体背景，以突出主题，也能起到修饰作用。

设置页面

绘制矩形形状前需要设置文档的页面选项，如页边距和纸张大小等。

01 设置页边距：启动 Word 2021，新建名为"售后服务保障卡"的文档；选择【布局】选项卡，在【页面设置】组中单击【对话框启动器】按钮，在打开的【页面设置】对话框的【页边距】选项卡中，将【上】【下】【左】【右】都设置为【1.5厘米】，【纸张方向】为横向，如图 2-3 所示。

02 设置纸张大小：选择【纸张】选项卡，将【宽度】和【高度】分别设置为【23.2厘米】和【21.2厘米】，如图 2-4 所示，单击【确定】按钮。

图 2-3　设置页边距　　　　　　　　图 2-4　设置纸张大小

绘制矩形形状

Word 2021 包含一套用于手工绘制的现成形状图形工具，供读者在文档中绘制各种形状图形。

01 添加空白页：选择【插入】选项卡，在【页面】组中单击【空白页】按钮，如图 2-5 所示，添加一个空白页。

02 选择矩形选项：在【插图】组中单击【形状】下拉按钮，在展开的列表中选择【矩形】选项，如图 2-6 所示。

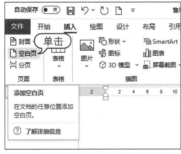
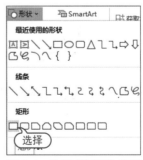

图 2-5　添加空白页　　　　　　　　图 2-6　选择【矩形】选项

03 绘制矩形：按住鼠标，在文档的第二页绘制一个与文档页面大小相同的矩形，如图 2-7 所示。

❸ 设置矩形形状格式

绘制完形状图形后，系统自动打开【绘图工具】的【形状格式】选项卡，以设置形状图形的格式。

01 选择形状填充渐变选项：选择【形状格式】选项卡，在【形状样式】组中单击【形状填充】下拉按钮，在弹出的下拉列表中选择【渐变】|【浅色变体】|【从中心】选项，如图 2-8 所示。

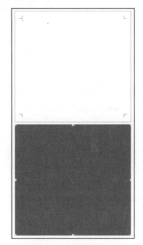

图 2-7　绘制矩形　　　　　　　　　图 2-8　选择【从中心】选项

02 在【设置形状格式】窗格中进行设置：单击【形状填充】下拉按钮，在弹出的下拉列表中选择【渐变】|【其他渐变】选项，打开【设置形状格式】窗格，在【渐变光圈】选中 3 个光圈，单击【颜色】下拉按钮，选择【其他颜色】命令，如图 2-9 所示；打开【颜色】对话框，将左侧光圈的 RGB 值设置为 216、216、216，将中间光圈的 RGB 值设置为 175、172、172，将右侧光圈的 RGB 值设置为 118、112、112，如图 2-10 所示。

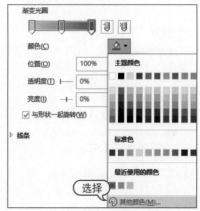

图 2-9　选择【其他颜色】命令　　　　　图 2-10　设置渐变光圈

03 继续绘制矩形：使用相同的方法，按住鼠标，继续在文档中绘制一个矩形，如图 2-11 所示。

04 设置矩形大小：选中刚绘制的矩形，打开【绘图工具】的【形状格式】选项卡，在【大小】组中单击【对话框启动器】按钮 ，打开【布局】对话框，选择【大小】选项卡，在【高度】选项区域中将【绝对值】设置为 9.6 厘米，在【宽度】选项区域中将【绝对值】设置为 21.2 厘米，如图 2-12 所示。

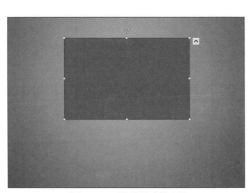

图 2-11　继续绘制矩形

图 2-12　设置矩形大小

05 设置矩形位置：在【布局】对话框中选择【位置】选项卡，在【水平】和【垂直】选项区域中将【绝对位置】均设置为【-0.55 厘米】，单击【确定】按钮，如图 2-13 所示，关闭【布局】对话框。

06 设置矩形的填充颜色：在【形状样式】组中单击【设置形状格式】按钮，在打开的【设置形状格式】窗格中单击【颜色】下拉按钮，选择下拉菜单中的【其他颜色】命令，打开【颜色】对话框，将【颜色模式】的 RGB 值设置为 0、88、152，然后单击【确定】按钮，如图 2-14 所示。

图 2-13　设置矩形位置

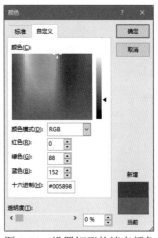

图 2-14　设置矩形的填充颜色

2.1.2 插入图片

为使文档更加美观、生动，可在其中插入图片。在 Word 2021 中，可以插入系统提供的联机图片、截屏图片，也可以从其他程序或位置导入图片。

① 选择图片并插入

在磁盘的其他位置可以选择要插入 Word 文档的图片文件，这些图片文件可以是 Windows 的标准位图，也可以是其他应用程序所创建的图片。

01 单击【图片】按钮：选择【插入】选项卡，在【插图】组中单击【图片】下拉按钮，选择【插入图片来自】|【此设备】命令，如图 2-15 所示。

02 使用【插入图片】对话框：打开【插入图片】对话框，选择一个图片文件，单击【插入】按钮，如图 2-16 所示。

图 2-15　选择【此设备】命令　　　图 2-16　【插入图片】对话框

② 设置图片

插入图片后，自动打开【图片工具】的【图片格式】选项卡，使用相应的功能工具，可以设置图片的颜色、大小、版式和样式等。

01 设置图片浮于文字上方：在【图片工具】的【图片格式】选项卡的【排列】组中单击【环绕文字】下拉按钮，在弹出的菜单中选择【浮于文字上方】命令，如图 2-17 所示。

02 调整图片位置：在文档中调整图片的位置，如图 2-18 所示；完成后按 Esc 键取消图像的选择。

图 2-17　选择【浮于文字上方】命令　　　图 2-18　调整图片位置

2.1.3　插入文本框

文本框是一种图形对象，它作为存放文本或图形的容器，可置于页面中的任何位置，并可随意地调整大小。

① 绘制横排文本框

在 Word 2021 中可以根据需要手动绘制横排或竖排文本框。文本框主要用于插入图片和文本等。

01 选择绘制文本框命令：选择【插入】选项卡，在【文本】组中单击【文本框】下拉按钮，在展开的列表中选择【绘制横排文本框】命令，如图 2-19 所示。

02 绘制文本框并输入文本：按住鼠标在文档中绘制一个文本框并输入文本；选中输入的文本，选择【开始】选项卡，在【字体】组中设置文本的字体为【方正综艺简体】，字号为【五号】，如图 2-20 所示。

图 2-19　选择【绘制横排文本框】命令　　　　图 2-20　绘制文本框并输入文本

② 设置文本框

绘制文本框后，【绘图工具】的【形状格式】选项卡自动被激活，在该选项卡中可以设置文本框的各种效果。

01 设置文本框：选择【绘图工具】的【形状格式】选项卡，在【形状样式】组中将【形状填充】设置为【无填充颜色】，将【形状轮廓】设置为【无轮廓】，在【艺术字样式】组中将【文本填充】设置为【白色】，并调整文本框和图片的大小及位置，如图 2-21 所示。

02 复制文本框：选中文档中的文本框，按 Ctrl+C 组合键复制文本框，按 Ctrl+V 组合键粘贴文本框，调整复制后的文本框的位置，将该文本框中的文字修改为"售后服务保障卡"并设置字体和大小，然后复制更多的文本框，并在其中输入相应的文本内容，完成后的效果如图 2-22 所示。

图 2-21 设置文本框	图 2-22 复制文本框

2.1.4 调整形状图形

使用系统自带的形状绘制形状图形后，可以对其外形和颜色进行调整，以制作出更符合要求的图形。

设置形状样式

形状样式可在【绘图工具】的【形状格式】选项卡中进行设置，包含预设好的颜色和轮廓等。

01 选择形状样式：选中并复制文档中的蓝色矩形图形，调整图形在文档中的位置；选择【绘图工具】的【形状格式】选项卡，在【形状样式】组中将复制后的矩形样式设置为【彩色轮廓 - 蓝色 强调颜色 1】，如图 2-23 所示。

02 设置环绕文字：选中复制的矩形图形，选择【绘图工具】的【形状格式】选项卡，在【排列】组中单击【环绕文字】下拉按钮，选择【浮于文字上方】选项，如图 2-24 所示。

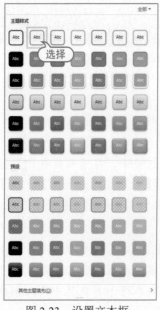

图 2-23 设置文本框	图 2-24 选择【浮于文字上方】选项

② 编辑形状外形

使用【编辑顶点】命令可以显示形状图形的点线轮廓，读者可通过调整顶点手动编辑形状外形。

01 调整形状大小：选中并复制蓝色矩形图形，将其粘贴在文档中，使用鼠标调整矩形形状的轮廓点来控制大小，如图 2-25 所示。

02 编辑顶点：右击调整大小后的图形，在弹出的快捷菜单中选择【编辑顶点】命令，编辑矩形图形的顶点，改变图形形状，如图 2-26 所示；按 Enter 键，确定图形顶点的编辑。

图 2-25　调整形状大小

图 2-26　编辑顶点

③ 绘制虚线

虚线可以先用直线形状图形绘制，然后改变其形状样式为虚线。

01 创建多个文本框：在文档中绘制多个文本框并输入相应的文本，如图 2-27 所示。

02 选择直线形状：在【插入】选项卡的【插图】组中单击【形状】下拉按钮，在弹出的列表中选择【线条】区域的【直线】选项，如图 2-28 所示。

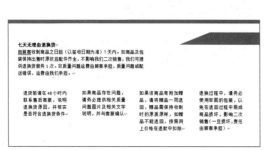
图 2-27　绘制文本框并输入文本

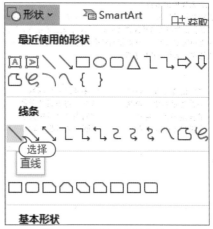
图 2-28　选择【直线】选项

03 绘制直线：按住 Shift 键在文档中绘制直线，如图 2-29 所示。

04 选择虚线选项：选择【绘图工具】的【形状格式】选项卡，在【形状样式】组中单击【其他】按钮，在弹出的列表中选择【虚线】选项，如图 2-30 所示。

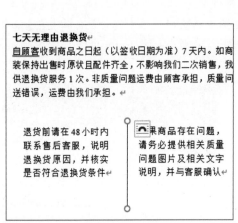

图 2-29　绘制直线

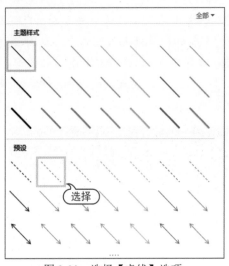

图 2-30　选择【虚线】选项

05 显示虚线：设置直线的形状样式为虚线后的效果，如图 2-31 所示。

06 复制虚线：复制文档中的虚线，将其粘贴至文档中的其他位置，如图 2-32 所示；完成售后服务保障卡的制作。

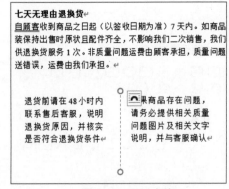

图 2-31　显示虚线

图 2-32　复制虚线

2.2　制作 "公司组织结构图"

扫一扫 看视频

Word 2021 为读者提供了用于体现组织结构、关系或流程的图形——SmartArt 图形。使用 SmartArt 图形功能，可以轻松制作各种流程图，从而使文档更加形象生动。

案例解析

公司组织结构图用于表现企业、机构或系统中的层次关系，在办公中有着广泛的应用。本案例将应用 SmartArt 图形制作公司组织结构图，讲解 SmartArt 图形的应用方法。其图示和制作流程图分别如图 2-33 和图 2-34 所示。

图示：

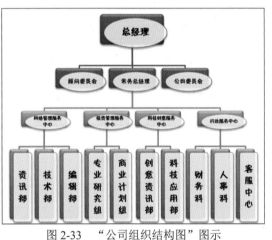

图 2-33　"公司组织结构图"图示

制作流程图：

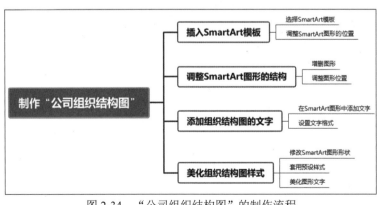

图 2-34　"公司组织结构图"的制作流程

2.2.1 插入 SmartArt 模板

Word 2021 提供了多种 SmartArt 模板供用户选择，在制作公司组织结构图时，用户可根据实际需求选择模板并插入文档中。

选择 SmartArt 模板

SmartArt 模板的选择要根据组织结构图的内容来进行。

01 分析结构图内容：根据公司的组织结构，在草稿纸上绘制一个草图，如图 2-35 所示。

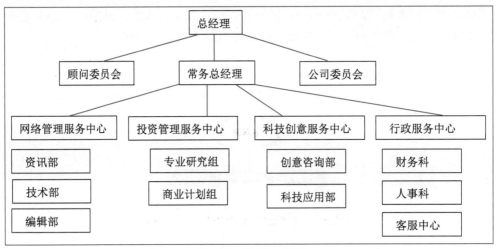

图 2-35　结构示意图

02 单击【SmartArt】按钮：新建一个 Word 文档，单击【插入】选项卡【插图】组中的【SmartArt】按钮，如图 2-36 所示。

03 选择模板：打开【选择 SmartArt 图形】对话框，对照第 01 步绘制的草图，选择与结构最接近的【层次结构】模板，单击【确定】按钮，如图 2-37 所示。

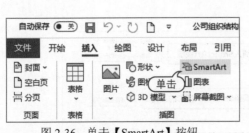

图 2-36　单击【SmartArt】按钮

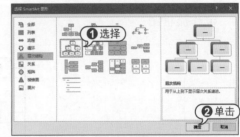

图 2-37　选择【层次结构】模板

调整 SmartArt 图形的位置

选择模板后，需要将 SmartArt 图形插入文档中的正确位置。

01 设置光标位置：为了保证组织结构图在文档的中央位置，需要对插入的图形进行调整，将光标放在 SmartArt 图的左下方，如图 2-38 所示。

02 设置 SmartArt 居中：单击【段落】组中的【居中】按钮，如图 2-39 所示，SmartArt 图形便自动位于页面中央。

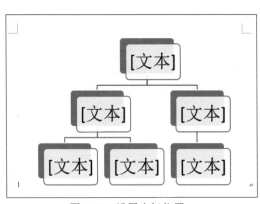
图 2-38　设置光标位置

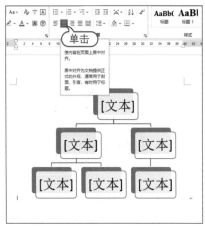
图 2-39　单击【居中】按钮

2.2.2　调整 SmartArt 图形的结构

SmartArt 图形的模板并不能完全符合实际需求，有时需要对结构进行调整。

① 增删图形

调整 SmartArt 图形的结构时，需要对照之前的草图，在恰当的位置添加图形，并删除多余的图形。

01 在后面添加图形：选中第二排右边的图形，选择【SmartArt 设计】选项卡下【添加形状】菜单中的【在后面添加形状】选项，如图 2-40 所示。

02 删除图形：按住 Ctrl 键，同时选中第三排的图形，如图 2-41 所示，按键盘上的 Delete 键将其删除。

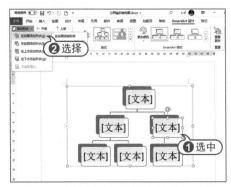
图 2-40　选择【在后面添加形状】选项

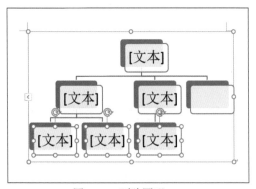
图 2-41　删除图形

03 在下方添加图形：选中第二排中间的图形，选择【SmartArt 设计】选项卡下【添加形状】菜单中的【在下方添加形状】选项，如图 2-42 所示。

04 继续添加图形：按照相同的方法，继续添加第三排和第四排的图形，此时完成公司组织结构图框架的制作，如图 2-43 所示。

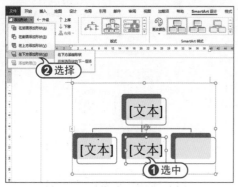

图 2-42　选择【在下方添加形状】选项

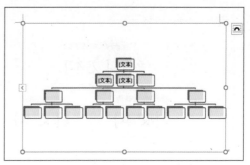

图 2-43　完成后的公司组织结构图框架

调整图形位置

从美观上考虑，完成 SmartArt 图形的结构后，可以拉长图形之间的连接线，使整个结构图能够更好地填充文档页面。

01 调整第 1 排图形的位置：选中第 1 排的图形，按上方向键让图形往上移动至合适位置，如图 2-44 所示。

02 调整其他图形的位置：按住 Ctrl 键，同时选中最下一排的图形，按下方向键让图形往下移动至合适位置，如图 2-45 所示。

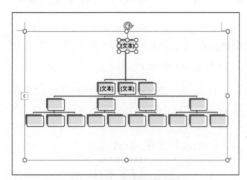

图 2-44　向上调整图形

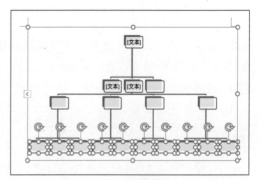

图 2-45　向下调整图形

2.2.3　添加组织结构图的文字

完成 SmartArt 图形结构制作后，就可以开始输入文字了。输入文字时要考虑字体的格式，以使其与图形相符且清晰美观。

① 在 SmartArt 图形中添加文字

在 SmartArt 图形中添加文字的方法很简单，选中具体图形，然后输入文字即可。

01 选中图形并输入文字：选中第 1 排的图形，在图形中出现光标后输入文字，如图 2-46 所示。

02 继续输入文字：按照相同的方法，输入结构图所有图形中的文字，如图 2-47 所示。

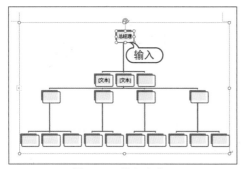
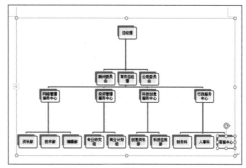

图 2-46　输入文字　　　　　　　　　　图 2-47　继续输入文字

② 设置文字格式

SmartArt 图形默认的文字字体是宋体，为使文字更具表现力，用户可以为文字设置加粗格式并改变字体、字号等。

01 加粗字体：组织结构图中最上方的图形代表的是高层领导，为了显示领导的重要性，可以设置该层文字加粗显示；选中最上方的图形，单击自动浮现的【字体】面板上的【加粗】按钮**B**，如图 2-48 所示。

02 选择字体：选中文字，在自动浮现的【字体】面板上选择【方正毡笔黑简体】字体，如图 2-49 所示；然后按照相同的方法为所有文字设置字体。

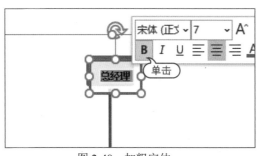
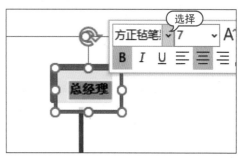

图 2-48　加粗字体　　　　　　　　　　图 2-49　设置字体

2.2.4　美化组织结构图样式

完成 SmartArt 图形的文字输入后，即进入最后的样式调整环节，用户可以对图形的颜色、图形效果等进行调整。

① 修改 SmartArt 图形形状

用户可以根据文字的数量等需求对 SmartArt 图形中的图形形状进行改变。

01 拉长图形：按住 Ctrl 键，同时选中最后一排的所有图形，将鼠标放在其中一个图形的正下方，当鼠标变成双向箭头时，按住鼠标向下拖动，实现拉长图形的效果，如图 2-50 所示。

02 缩小图形宽度：保持最后一排图形处于选中状态，将鼠标放在其中一个图形的左边线中间，当鼠标变成双向箭头时，按住鼠标左键往右拖动鼠标，如图 2-51 所示。

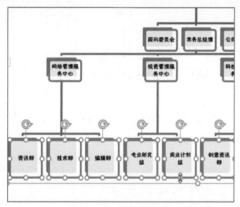

图 2-50　拉长图形

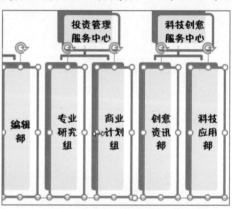

图 2-51　缩小图形宽度

03 修改图形形状：按住 Ctrl 键的同时选中上面的三排图形，单击【格式】选项卡下【更改形状】下拉列表中的【椭圆】图标，如图 2-52 所示，更改图形形状为椭圆。

04 增大图形：将鼠标放在第一排椭圆图形的右下角，当鼠标变成倾斜的双向箭头时，按住鼠标不放，往右下方拖动鼠标，如图 2-53 所示。

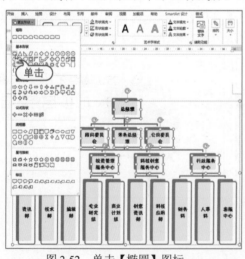

图 2-52　单击【椭圆】图标

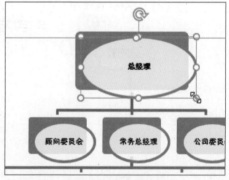

图 2-53　增大图形

05 增加宽度：按住 Ctrl 键，同时选中第二排的图形，将鼠标放在其中一个图形的右方，当鼠标变成双向箭头时按住鼠标不放往右拖动鼠标，如图 2-54 所示。

06 完成图形的调整：按照相同的方法，调整第三排图形的宽度，以及每排图形之间的间隔，最后完成整个 SmartArt 图形的形状调整，如图 2-55 所示。

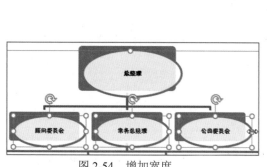

图 2-54　增加宽度

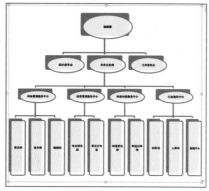

图 2-55　完成图形的调整

❷ 套用预设样式

使用 Word 2021 提供的预设样式，可以快速调整 SmartArt 图形。

01 使用颜色样式：选中 SmartArt 图形，打开【SmartArt 设计】选项卡，单击【更改颜色】按钮，从弹出的列表中选择一种颜色样式，如图 2-56 所示。

02 使用预设样式：单击【SmartArt 样式】组中的▾按钮，从弹出的下拉列表中选择一种样式。此时便成功地将系统的样式效果运用到 SmartArt 图形中，如图 2-57 所示。

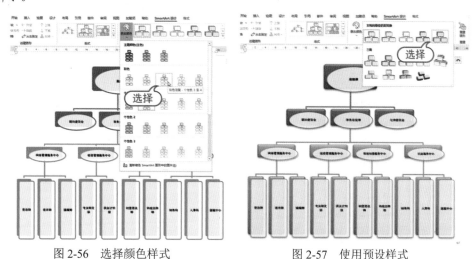

图 2-56　选择颜色样式　　　　　　　图 2-57　使用预设样式

❸ 美化图形文字

在完成 SmartArt 图形的结构、样式等设置后，还要根据图形的颜色、大小来检查文字是否与图形相匹配。

01 调整字号：选中第一排图形，单击【字体】组中的【增大字号】按钮，让字号变大以匹配图形，如图 2-58 所示。

02 调整其他文字的字号：使用相同的方法，选中不同的形状，增加文字的字号，使文字尽量充满图形，如图 2-59 所示，至此便完成了公司组织结构图的制作。

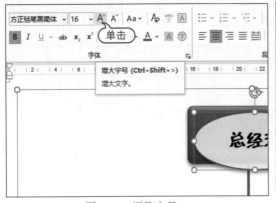

图 2-58　调整字号　　　　　　　　　　图 2-59　调整其他文字的字号

✏️ **高手点拨**

在调整 SmartArt 图形中文字的大小时，如果想避免文字溢到图形边框，让文字与图形边框保留一定的边距，即可通过设置文本框边距来实现。方法是选中图形后，右击，在弹出的快捷菜单中选择【设置形状格式】命令，打开【设置形状格式】窗格，在【文本选项】选项卡下选择【布局属性】后，即可进行边距设置，如图 2-60 所示。

图 2-60　设置文本边距

2.3　制作“员工业绩考核表”

在编辑 Word 文档时，为了更形象地说明问题，常常需要在文档中制作各种各样的表格，如个人简历表、财务报表、业绩考核表等。

扫一扫 看视频

案例解析

员工业绩考核表用于定期对员工业绩进行考核分析，以显示该员工在不同层面的工作情况，在对公司员工进行科学管理方面起了很大作用。其图示和制作流程图分别如图 2-61 和图 2-62 所示。

图示：

员工每月工作业绩考核与分析

姓　名		单　位		职　务	
考勤状况	迟到 __次 __早退 __次 __旷工 __次 病假 __次 __事假 __次 __其他 __次				
奖惩状况	嘉奖 __次 __记功 __次 警告 __次 __记过 __次 __其他 __次				
考 核 内 容			等　级		总　评
工作成效	工作质量		A、B、C、D		
	工作效率		A、B、C、D		
	工作份量		A、B、C、D		
工作态度	尊重领导，服从工作安排		A、B、C、D		
	团结同志，横向协作精神		A、B、C、D		
	遵守制度，个人品行涵养		A、B、C、D		
部门经理 签字		主管领导 签字		人事(或劳资)部门经理 签字	
备注：					

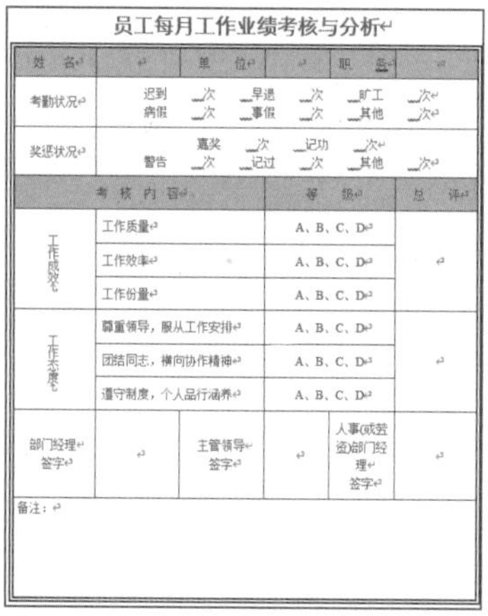

图 2-61　“员工业绩考核表”图示

制作流程图：

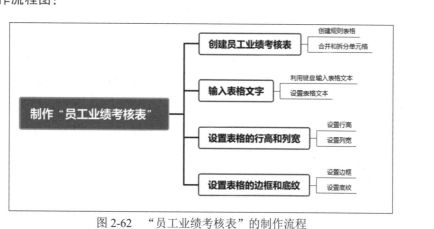

图 2-62　“员工业绩考核表”的制作流程

2.3.1 创建员工业绩考核表

要在 Word 2021 中创建员工业绩考核表，首先需要将表格框架创建完成，然后输入基本的文字内容，以便进行下一步的格式调整。

① 创建规则表格

使用【插入表格】对话框创建表格时，可以在建立表格的同时精确设置表格的大小。

01 新建文档并插入标题：新建一个 Word 文档，在插入点处输入标题"员工每月工作业绩考核与分析"，设置其字体格式为【华文细黑】【小二】【加粗】【深蓝】【居中】，如图 2-63 所示。

02 选择【插入表格】命令：将插入点定位到表格标题下一行，打开【插入】选项卡，在【表格】组中单击【表格】按钮，从弹出的菜单中选择【插入表格】命令，如图 2-64 所示。

图 2-63　输入标题文本并设置格式　　图 2-64　选择【插入表格】命令

03 输入行数和列数：打开【插入表格】对话框，在【列数】和【行数】文本框中分别输入 6 和 9，单击【确定】按钮，如图 2-65 所示。

04 查看创建好的表格：此时，可在文档中插入一个 6×9 的规则表格，如图 2-66 所示。

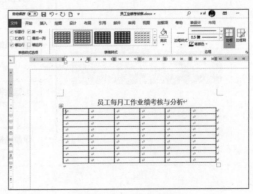

图 2-65　【插入表格】对话框　　图 2-66　查看表格

合并和拆分单元格

创建表格后，需要对表格的单元格进行合并或拆分，以符合内容需要。

01 合并单元格：选取表格第 2 行的后 5 个单元格，打开【布局】选项卡，在【合并】组中单击【合并单元格】按钮，合并这 5 个单元格，效果如图 2-67 所示。

02 继续合并：使用同样的方法，合并其他单元格，如图 2-68 所示。

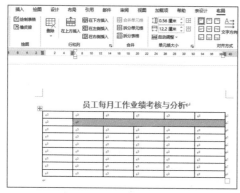

图 2-67　合并单元格

图 2-68　继续合并

03 拆分单元格：将插入点定位在第 5 行第 2 列的单元格中，在【合并】组中单击【拆分单元格】按钮，打开【拆分单元格】对话框；在该对话框的【列数】和【行数】文本框中分别输入 1 和 3，单击【确定】按钮，如图 2-69 所示，此时该单元格被拆分成 3 个单元格。

04 继续拆分：使用同样的方法，拆分其他单元格，最终效果如图 2-70 所示。

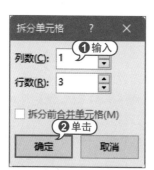

图 2-69　【拆分单元格】对话框

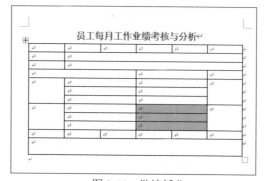

图 2-70　继续拆分

高手点拨

读者还可以拆分表格，也就是将一个表格拆分为两个独立的子表格。拆分表格时，将插入点置于要拆分的行的分界处，也就是拆分后形成的第二个表格的第一行处。打开表格的【布局】选项卡，在【合并】组中单击【拆分表格】按钮，或者按 Shift+Ctrl+Enter 组合键，这时，插入点所在行以下的部分会从原表格中分离出来，形成另一个独立的表格。

2.3.2 输入表格文字

用户可以在表格的各个单元格中输入文字，也可以对各单元格中的内容进行剪切和粘贴等操作。

① 利用键盘输入表格文本

将插入点定位在表格的单元格中，然后直接利用键盘输入文本。在表格中输入文本时，Word 2021 会根据文本的多少自动调整单元格的大小。

01 输入文本：将鼠标光标移到第 1 行第 1 列的单元格处，单击鼠标左键，将插入点定位到该单元格中，输入文本"姓名"，如图 2-71 所示。

02 继续完成输入：将插入点定位到第 1 行第 2 列的单元格中并输入表格文本，然后按 Tab 键，继续输入表格内容，如图 2-72 所示。

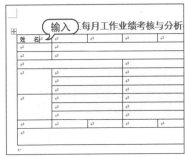

图 2-71　输入"姓名"

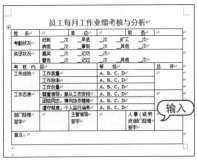

图 2-72　输入所有文本

② 设置表格文本

读者可以使用 Word 文本格式的设置方法设置表格中文本的格式，包括字体、文本对齐、文字方向等。

01 设置文字方向：选取文本"工作成效"和"工作态度"单元格，右击，从弹出的快捷菜单中选择【文字方向】命令，打开【文字方向 - 表格单元格】对话框，选择垂直排列的第二种方式，单击【确定】按钮，如图 2-73 所示。

02 显示竖直文字：此时，文本将以竖直排列形式显示在单元格中，如图 2-74 所示。

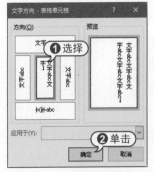

图 2-73　设置文字方向

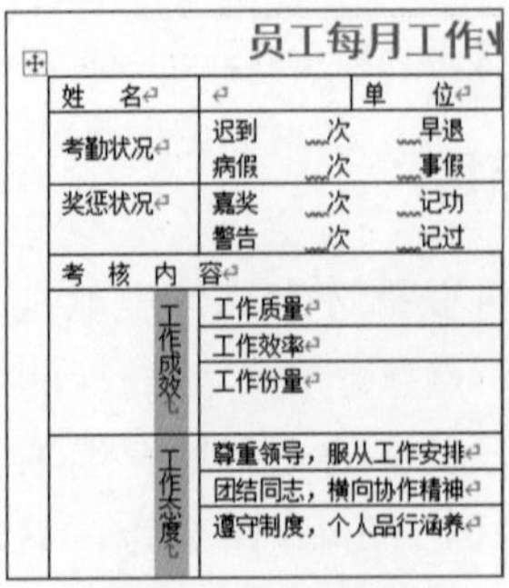

图 2-74　显示效果

03 调整表格尺寸以符合文字：选中整个表格，打开表格的【布局】选项卡，在【单元格大小】组中单击【自动调整】按钮，从弹出的菜单中选择【根据窗口自动调整表格】命令，调整表格的尺寸，如图 2-75 所示。

04 设置文本水平居中对齐：选中整个表格，打开【布局】选项卡，在【对齐方式】组中单击【水平居中】按钮，设置文本水平居中对齐，如图 2-76 所示。

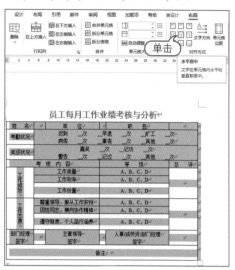

图 2-75　选择【根据窗口自动调整表格】命令　　图 2-76　单击【水平居中】按钮

05 设置文本中部左对齐：选取"考核内容"下的 6 个单元格，打开【布局】选项卡，在【对齐方式】组中单击【中部左对齐】按钮，此时选取的单元格中的文本将按该样式对齐，如图 2-77 所示。

06 选择字体颜色：选中表格，在【开始】选项卡中单击【字体颜色】按钮，在弹出的颜色面板中选择蓝色，此时表格中的文本将全部显示为蓝色，如图 2-78 所示。

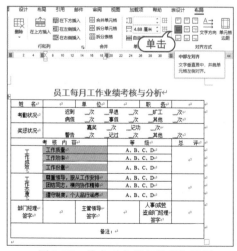
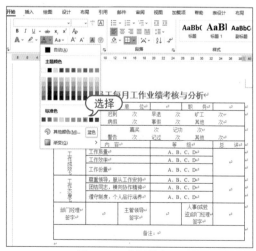

图 2-77　单击【中部左对齐】按钮　　　　　图 2-78　选择蓝色

2.3.3 设置表格的行高和列宽

创建表格时，表格的行高和列宽都是默认值。在实际工作中，如果觉得表格的尺寸不合适，可以随时调整表格的行高和列宽。

① 设置行高

在 Word 2021 中，可使用多种方法调整表格的行高和列宽，如通过拖动鼠标和【表格属性】对话框等方法来调整。

01 指定行高：将插入点定位在第 1 行任意单元格中，在【布局】选项卡的【单元格大小】组中单击对话框启动器按钮 🔽，打开【表格属性】对话框；打开【行】选项卡，选中【指定高度】复选框，在【指定高度】文本框中输入"1 厘米"，在【行高值是】下拉列表中选择【固定值】选项，如图 2-79 所示。

02 继续设置行高：单击【下一行】按钮，使用同样的方法设置第 2 行的【指定高度】为 1.5 厘米和【行高值是】为【固定值】选项；使用同样的方法设置所有行的【指定高度】和【行高值是】选项，单击【确定】按钮，如图 2-80 所示。

图 2-79　指定行高

图 2-80　继续设置行高

② 设置列宽

使用【表格属性】对话框，以输入数值的方式精确地调整列宽。

01 指定列宽：选择文字 A、B、C、D 所在的单元格，打开【表格属性】对话框。打开【列】选项卡，选中【指定宽度】复选框，在其后的微调框中输入"2 厘米"，单击【确定】按钮，如图 2-81 所示。

02 表格居中：将插入点定位在表格任意单元格中，打开【表格属性】对话框的【表格】选项卡，在【对齐方式】选项区域中选择【居中】选项，单击【确定】按钮，设置表格在文档中居中对齐，如图 2-82 所示。

图 2-81　指定列宽

图 2-82　设置表格居中

2.3.4　设置表格的边框和底纹

一般情况下，Word 2021 会自动设置表格使用 0.5 磅的单线边框。如果用户对表格的样式不满意，则可以重新设置表格的边框和底纹，从而使表格结构更为合理和美观。

✒ 设置边框

表格的边框包括整个表格的外边框和表格内部各单元格的边框线，对这些边框线设置不同的样式和颜色可以使表格所表达的内容一目了然。

01 在【边框】选项卡中设置：将插入点定位在表格中，打开【表格工具】的【表设计】选项卡，在【表格样式】组中单击【边框】按钮，从弹出的菜单中选择【边框和底纹】命令，打开【边框和底纹】对话框；打开【边框】选项卡，在【设置】选项区域中选择【虚框】选项，在【样式】列表框中选择双线型，在【颜色】下拉列表中选择【紫色】色块，在【宽度】下拉列表中选择 1.5 磅，单击【确定】按钮，如图 2-83 所示。

02 显示边框效果：此时完成边框的设置，表格的边框效果如图 2-84 所示。

图 2-83　【边框】选项卡

图 2-84　边框效果

② 设置底纹

底纹用于设置单元格和表格的填充颜色，起到美化及强调文字的作用。

01 选择【浅绿】选项：将插入点定位在表格的第 1、3 行，在【表设计】选项卡的【表格样式】组中单击【底纹】按钮，从弹出的颜色面板中选择【浅绿】选项，如图 2-85 所示。

02 显示底纹效果：此时完成底纹的设置，选中表格行的底纹效果如图 2-86 所示。

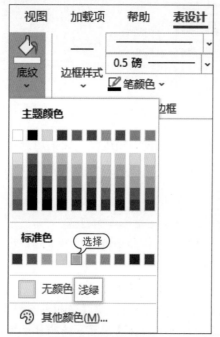

图 2-85　选择【浅绿】选项

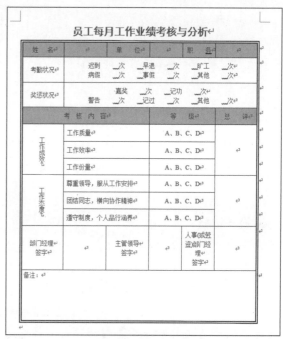

图 2-86　底纹效果

🖋 高手点拨

Word 2021 为用户提供了多种内置的表格样式，这些内置的表格样式包括各种现成的边框和底纹设置，方便用户快速设置合适的表格样式。打开表格的【表设计】选项卡，在【表格样式】组中单击【其他】按钮，在弹出的下拉列表中选择需要的外观样式，即可为表格套用样式。

2.4　通关练习

扫一扫 看视频

通过前面内容的学习，读者应该已经掌握在 Word 中进行图文及表格混排等技能。下面介绍制作"公司内刊"这一案例，用户通过练习可以巩固本章所学知识。

案例解析

为增强公司凝聚力、传播企业文化，不同的公司常常会制作公司内部刊物，以刊登公司的最新消息和员工投稿。制作公司内刊时，涉及的 Word 功能包括图片的插入与编辑、SmartArt 图形的插入与编辑、文字的添加与编辑，以及不同元素间的排版。本节主要介绍关键步骤，其图示和制作流程图分别如图 2-87 和图 2-88 所示。

图示：

图 2-87　"公司内刊"图示

制作流程图：

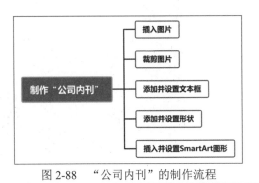

图 2-88　"公司内刊"的制作流程

关键步骤

01 创建文档并设置页面颜色：使用 Word 2021 创建名为"公司内刊"的文档，单击【设计】选项卡中的【页面颜色】按钮，选择下拉菜单中的【其他颜色】选项；在打开的【颜色】对话框中，设置底色的 RGB 参数，如图 2-89 所示。

02 插入图片：单击【插入】选项卡【插图】组中的【图片】按钮，选择下拉菜单中的【此设备】选项，打开【插入图片】对话框，选择 3 张图片并单击【插入】按钮，如图 2-90 所示。

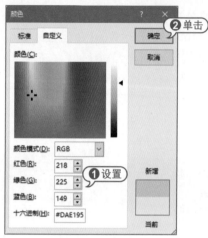

图 2-89　设置颜色

图 2-90　插入图片

03 设置图片环绕方式：分别选中 3 张插入的图片，在【图片格式】选项卡的【排列】组中单击【环绕文字】按钮，在下拉菜单中选择【浮于文字上方】选项，如图 2-91 所示。

04 裁剪图片：选中 1 张图片，单击【图片格式】选项卡下的【裁剪】按钮，单击图片边框上出现的黑色竖线，并按住鼠标左键拖动鼠标，对图片进行裁剪，如图 2-92所示。

图 2-91　选择【浮于文字上方】选项

图 2-92　裁剪图片

05 添加文本框：单击【插入】选项卡中的【文本框】按钮，在下拉菜单中选择【绘制横排文本框】选项，在页面中按住鼠标左键并拖动鼠标绘制两个文本框，然后输入文本并设置格式，如图 2-93 所示。

06 设置无填充：选中这两个文本框，在【形状格式】选项卡中分别单击【形状填充】和【形状轮廓】按钮，选择【无填充】选项，如图 2-94 所示。

图 2-93　添加文本框

图 2-94　设置无填充

07 添加形状：单击【插入】选项卡的【形状】按钮，在弹出的下拉列表中选择【连接符：肘形】选项，在页面中按住鼠标左键并拖动鼠标绘制一条折线，如图 2-95 所示。

08 设置形状：选中折线形状，在【形状格式】选项卡中单击【形状轮廓】按钮，在弹出的颜色面板中选择【浅绿】选项，如图 2-96 所示。

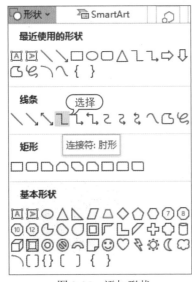
图 2-95　添加形状

图 2-96　选择形状颜色

09 插入 SmartArt 图形：打开【选择 SmartArt 图形】对话框，选择一种图形，单击【确定】按钮，如图 2-97 所示。

10 设置 SmartArt 图形：设置 SmartArt 图形的环绕方式为【浮于文字上方】，输入文字后，在【SmartArt 设计】选项卡中选择一种样式，效果如图 2-98 所示。

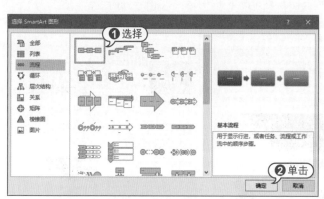

图 2-97　【选择 SmartArt 图形】对话框　　　　图 2-98　设置 SmartArt 图形

 ## 2.5　专家解疑

如何快速美化图片？

在制作图文混排的 Word 文档时，如果读者觉得图片不够美观，可以利用 Word 2021 内置的多种图片样式来快速美化图片。

01 选中图片，单击【图片工具 - 格式】选项卡下【图片样式】组中的【其他】按钮，如图 2-99 所示。

02 将鼠标放到弹出的样式列表中的一种样式上。此时可以预览到选中的图片已应用这种样式效果，单击即可应用该样式，如图 2-100 所示。

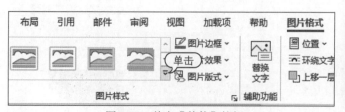

图 2-99　单击【其他】按钮　　　　图 2-100　选择图片样式

第3章 Word 办公文档样式模板

Word 2021 提供了强大的模板及样式编辑功能。利用这些功能可以大大提高 Word 文档的编辑效率，并且能编辑出版式美观大方的文档。本章将介绍如何应用和编辑样式，以及如何下载和制作模板等内容。

本章要点：

- ✔ 使用文档样式
- ✔ 设置封面和目录样式
- ✔ 使用模板
- ✔ 审阅文档

文档展示：

Word Excel PPT 高效办公（微视频版）

扫一扫 看视频

3.1 制作"公司年度总结报告"

案例解析

　　年度总结报告是公司的常用文档之一，如果报告文字内容较多，一般使用 Word 而不是 PowerPoint 制作。使用 Word 制作年度总结报告时需要注意的是，报告的样式要整齐美观，可利用 Word 的样式功能快速调整文档格式。其图示和制作流程图分别如图 3-1 和图 3-2 所示。

图示：

 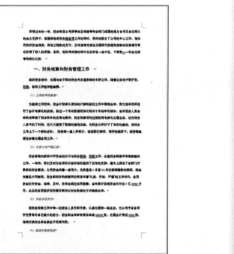

图 3-1 "公司年度总结报告"图示

制作流程图：

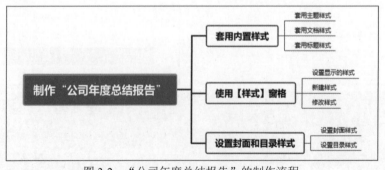

图 3-2 "公司年度总结报告"的制作流程

3.1.1　套用内置样式

Word 系统自带样式库，在制作公司年度总结报告时，用户可以快速应用样式库中的样式来设置文本及段落等格式。

套用主题样式

Word 2021 自带主题，主题包括字体、字体颜色和图形对象的效果设置。应用主题可以快速调整文档基本的样式。

01 选择主题样式：启动 Word 2021，新建名为"公司年度总结报告"的文档；单击【设计】选项卡下的【主题】按钮，从弹出的下拉菜单中选择【包裹】主题样式，如图 3-3 所示。

02 查看文档效果：此时文档即可应用选择的主题样式，效果如图 3-4 所示。

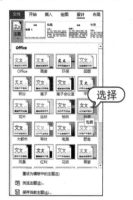

图 3-3　选择主题样式　　　　　　　　　图 3-4　查看文档效果

套用文档样式

在 Word 2021 中，除主题外，还可以使用系统内置的样式，快速调整文档内容的格式。

01 选择样式：单击【设计】选项卡【文档格式】组中的 ▼ 按钮，在弹出的样式列表中选择【极简】样式，如图 3-5 所示。

02 查看样式效果：此时文档即可应用选择的样式，效果如图 3-6 所示。

图 3-5　选择样式　　　　　　　　　　图 3-6　查看文档效果

③ 套用标题样式

在公司年度总结报告中，不同级别的标题有多个。为提高效率，每级标题的样式可以设置一次，然后利用格式刷完成同级标题的样式设置。

01 设置 1 级标题的大纲级别：标题前面带有大写序号的是 1 级标题，选中这个标题；单击【开始】选项卡【段落】组中的对话框启动器按钮 🔧，打开【段落】对话框，设置其大纲级别为【1 级】，然后单击【确定】按钮，如图 3-7 所示。

02 设置 2 级标题的大纲级别：标题前面带有括号序号的是 2 级标题，选中这个标题；单击【开始】选项卡【段落】组中的对话框启动器按钮 🔧，打开【段落】对话框，设置其大纲级别为【2 级】，然后单击【确定】按钮，如图 3-8 所示。

图 3-7　设置 1 级标题　　　　　　　　图 3-8　设置 2 级标题

03 设置 2 级标题样式：保持选中 2 级标题，在【开始】选项卡的【样式】组中选择标题样式，如选择【强调】，标题就会套用这种样式，如图 3-9 所示。

04 使用格式刷：单击【开始】选项卡中的【格式刷】按钮 🖌，鼠标将变为刷子状态 🖌，然后依次选择其他的 2 级标题，如图 3-10 所示，将该样式应用到所有的 2 级标题。

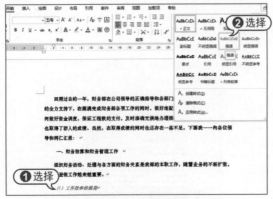
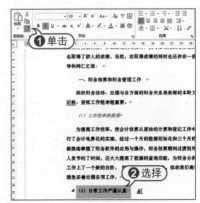

图 3-9　设置 2 级标题样式　　　　　　　图 3-10　使用格式刷

3.1.2　使用【样式】窗格

【样式】窗格可以设置当前文档的所有样式，也可以自行新建和修改系统预设的样式。

① 设置显示的样式

默认情况下，样式窗格中只显示"当前文档中的样式"，为方便用户查看所有的样式，可以打开【样式】窗格中的所有样式。

01 单击【样式】按钮：单击【开始】选项卡【样式】组中的【样式】按钮，如图 3-11 所示。

02 单击【样式】按钮：在打开的【样式】窗格下方单击【选项】按钮，如图 3-12 所示。

图 3-11　单击【样式】按钮

图 3-12　单击【选项】按钮

03 设置【样式窗格选项】对话框：在打开的【样式窗格选项】对话框中选择要显示的样式为【所有样式】，选中【选择显示为样式的格式】下方的所有复选框，单击【确定】按钮，如图 3-13 所示。

04 查看设置好的【样式】：此时【样式】窗格中会显示所有样式，将鼠标光标放置到任意文字段落中，【样式】窗格中则会出现这段文字对应的样式，如图 3-14 所示。

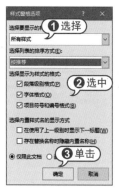

图 3-13　设置【样式窗格选项】对话框

图 3-14　查看设置好的【样式】

② 新建样式

【样式】窗格中的样式有限，读者可以新建新样式以满足需求。

01 设置【根据格式化创建新样式】对话框：在【样式】窗格下方单击【新建样式】按钮 Aↆ，打开【根据格式化创建新样式】对话框，设置新样式【名称】为 "1 级标题新样式"，并设置字体格式、行距等选项，然后单击【确定】按钮，如图 3-15 所示。

02 使用格式刷复制新样式：此时 1 级标题成功应用新样式，利用格式刷将此样式复制到所有的 1 级标题中，即可完成 1 级标题的样式设置，如图 3-16 所示。

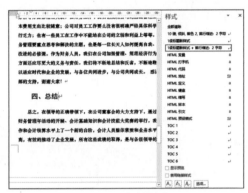

图 3-15　设置新样式　　　　　　　　　图 3-16　复制样式

③ 修改样式

当完成样式的设置后，用户如果对样式不满意，可以对其进行修改。修改样式后，所有应用该样式的文本都会自动调整样式。

01 选择【修改样式】选项：将光标放到正文中的任意位置，表示选中这个样式，在【样式】窗格中右击选中的样式，选择快捷菜单中的【修改样式】选项，如图 3-17 所示。

02 选择【段落】选项：打开【修改样式】对话框，单击左下方的【格式】按钮，选择菜单中的【段落】选项，如图 3-18 所示。

图 3-17　选择【修改样式】选项　　　　　图 3-18　选择【段落】选项

03 设置【段落】对话框：在【段落】对话框中设置【段后】为 8 磅，设置【行距】为【1.5 倍行距】，然后单击【确定】按钮，如图 3-19 所示；返回【修改样式】对话框，再单击【确定】按钮。

04 查看修改后的样式：此时文档中的所有正文已应用修改后的新样式，效果如图 3-20 所示。

图 3-19　设置【段落】对话框

图 3-20　查看修改后的样式

3.1.3　设置封面和目录样式

　　Word 2021 中系统自带的样式主要针对内容文本，但是公司的年度总结报告需要有一个美观的封面和一定样式的目录，这就需要用户自己进行样式设置。

1 设置封面样式

　　总结报告的封面用以显示这是何种文档，以及文档的制作人等相关信息。

01 选择封面样式：在【插入】选项卡中单击【封面】按钮，在弹出的列表框中选择【平面】封面样式，如图 3-21 所示。

02 输入文本内容：插入封面后，在自带的文本框中输入文本内容，如图 3-22 所示。

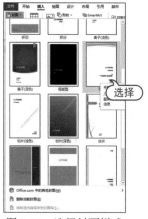

图 3-21　选择封面样式

图 3-22　输入文本内容

03 设置文本格式：在文本框中选中文本，在【开始】选项卡中分别设置不同的字体和字体颜色，如图 3-23 所示。

图 3-23　设置文本格式

设置目录样式

根据文档中设置的标题大纲级别可以添加目录，然后对目录样式进行调整，以满足对文档的需求。

01 插入分页符：将光标放到正文最开始的位置，单击【布局】选项卡中的【分隔符】按钮，选择下拉菜单中的【分页符】选项，如图 3-24 所示，插入空白页。

02 输入并设置"目录"文本：输入文字"目录"，设置字体为【微软雅黑】、字号为【小二】，【加粗】【左对齐】，并打开【字体】对话框，设置文字的间距为【加宽】【10 磅】，如图 3-25 所示。

图 3-24　选择【分页符】选项

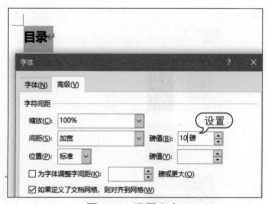

图 3-25　设置文本

03 插入目录：打开【目录】对话框，选择【制表符前导符】类型，单击【确定】按钮，如图 3-26 所示。

04 调整目录格式：拖动鼠标选中所有的目录内容，设置目录的字体为【微软雅黑】，字号为【小四】，【加粗】，如图 3-27 所示。

图 3-26　【目录】对话框

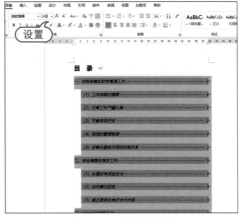

图 3-27　调整目录格式

05 调整二级目录格式：用鼠标拖动选中"一、"下方的二级目录，打开【段落】对话框，设置目录的段落缩进，如图 3-28 所示；用同样的方法设置其余的二级目录格式。

06 查看设置完毕的目录：此时完成目录页的设置，效果如图 3-29 所示。

图 3-28　设置二级目录

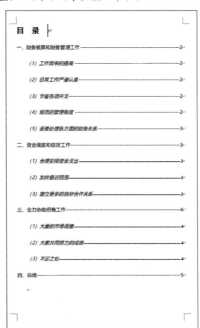

图 3-29　目录效果

61

扫一扫 看视频

3.2　制作"商业计划书"模板

　　商业计划书是企业销售部门常用的一种文档，每当销售任务告一段落就要拟定新的商业计划书。商业计划书的内容通常包括封面、目录和正文，正文内容主要包括对市场的调查及营销计划。本案例将应用 Word 下载模板，然后增删下载的模板内容，制作满足需求的商业计划书。其图示和制作流程图分别如图 3-30 和图 3-31 所示。

图示：

图 3-30　"商业计划书"模板图示

制作流程图：

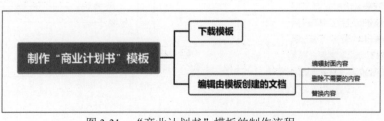

图 3-31　"商业计划书"模板的制作流程

3.2.1　下载模板

　　Word 2021 提供了多种实用的 Word 文档模板，如商务报告、计划书、简历等类型的模板。用户可以直接下载这些模板来创建自己的文档。

　　启动 Word 2021 后，即可选择适合的模板进行下载。

01　搜索并选择模板：启动 Word 2021，选择【新建】选项，在搜索框内输入"商业计划"关键字，按 Enter 键搜索模板，单击【商业计划】模板，如图 3-32 所示。

02　下载模板：弹出对话框，单击其中的【创建】按钮，如图 3-33 所示，将会联网下载该模板。

图 3-32　搜索并选择模板

图 3-33　单击【创建】按钮

03　查看下载的模板：下载成功后，可以看到模板的样式及标题大纲都是设置好的，如图 3-34 所示。

04　保存模板文档：单击【保存】按钮 🖫，打开【另存为】对话框，选择保存路径，输入文档名称，单击【保存】按钮，如图 3-35 所示。

图 3-34　查看模板

图 3-35　保存模板文档

3.2.2　编辑由模板创建的文档

模板下载成功后，用户可以对里面的内容进行删减并录入新的内容，让文档符合实际需求。

① 编辑封面内容

通常由模板创建的文档中，有关编辑封面的操作会涉及文档标题、Logo 图片的替换等操作。

01 更改图片：选中【徽标】内容，单击右上方的【更换图片】按钮，如图 3-36 所示。

02 选择【来自文件】选项：由于替换的 Logo 图片来自本地计算机，因此选择【来自文件】选项，如图 3-37 所示。

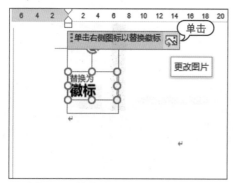

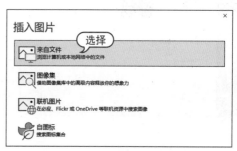

图 3-36　单击【更改图片】按钮 　　　　图 3-37　选择【来自文件】选项

03 插入图片：打开【插入图片】对话框，选择图片并单击【插入】按钮，如图 3-38 所示。

04 调整图片大小：插入图片后，拖曳图片周边锚点调整图片大小，如图 3-39 所示。

图 3-38　插入图片 　　　　　　　　　　图 3-39　调整图片大小

05 替换标题：选中标题文本，重新输入标题内容，如图 3-40 所示。

06 替换副标题：选中副标题文本，重新输入副标题内容，如图 3-41 所示。

图 3-40　替换标题

图 3-41　替换副标题

07 替换页面下方信息：选中页面下方不同的信息，输入内容，此时便完成了封面页内容的编辑，如图 3-42 所示。

图 3-42　替换页面下方信息

删除不需要的内容

模板中的内容常常会有一些不需要的部分，此时需要进行删除。不同的内容有不同的删除方式，通过选中大纲级别，可以快速删除内容。

01 删除图表内容：对于图表这种单独的元素，删除方式是选中后再按 Delete 键进行删除，如图 3-43 所示。

02 删除【业务说明】内容：在【导航】窗格中，右击【业务说明】标题，从弹出的快捷菜单中选择【删除】命令，如图 3-44 所示。

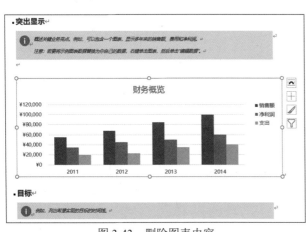

图 3-43　删除图表内容

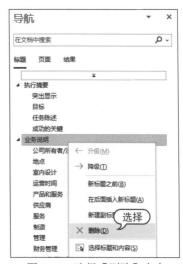

图 3-44　选择【删除】命令

03 删除【附录】内容：在【导航】窗格中，右击【附录】标题，从弹出的快捷菜单中选择【删除】命令，如图 3-45 所示。

04 查看文档内容：此时查看【导航】窗格和文档内容，如图 3-46 所示。

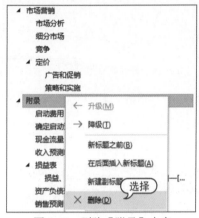

图 3-45　删除【附录】内容

图 3-46　查看文档内容

3 替换内容

删除不需要的内容后，则可对留下的内容进行替换，以制作符合需求的商业计划书。

01 替换【执行摘要】文本：选中模板中的【执行摘要】内容，输入替换的文字，如图 3-47 所示。

02 设置段落格式：选中替换的文字，打开【段落】对话框，设置段落缩进值，然后单击【确定】按钮，如图 3-48 所示。

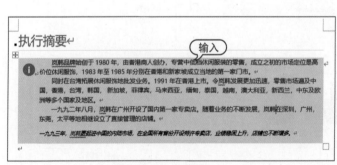

图 3-47　输入文本

图 3-48　设置段落格式

03 替换其他内容：按照同样的方法，完成其他内容的替换，如图 3-49 所示。

04 更新目录：完成替换内容后，单击【更新目录】按钮，目录将根据更改后的内容进行更新，如图 3-50 所示。

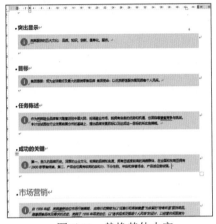

图 3-49　替换其他内容

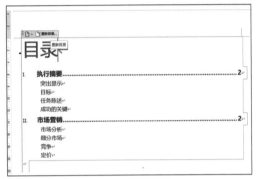

图 3-50　更新目录

Word Excel PPT 高效办公（微视频版）

扫一扫 看视频

3.3 审阅"档案管理制度"

案例解析

　　档案管理制度文档一般由公司行政管理人员制作。文档制作完成后，需要提交给上级领导，让领导确认内容是否无误。领导在查看档案管理制度文档时，可以进入修订状态修改自己认为不对的地方，也可以通过添加批注，对不明白或者需要更改的地方进行注释。当文档制作人员收到反馈后，可以回复批注以进行解释或修改。其图示和制作流程图分别如图 3-51 和图 3-52 所示。

图示：

图 3-51　审阅"档案管理制度"图示

制作流程图：

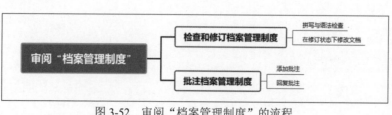

图 3-52　审阅"档案管理制度"的流程

3.3.1　检查和修订档案管理制度

档案管理制度文档制作完成后，通常需要提交给领导或相关人员审阅。领导在审阅文件时，可通过使用 Word 2021 中的修订功能，对文档进行修订或将修改过的地方添加标记，以便让文档原制作者检查和修改。

拼写和语法检查

在编写文档时，可能会因为一时疏忽或操作失误，导致文章中出现一些错误的字词或语法错误。利用 Word 中的拼写和语法检查功能可以快速找出和修改这些错误。

01 单击【拼写和语法】按钮：打开"档案管理制度"文档，切换到【审阅】选项卡，单击【拼写和语法】按钮，如图 3-53 所示。

02 忽略错误：此时会在文档的右侧弹出【校对】窗格，并自动定位到第一个有语法问题的文档位置；如果有错误，直接在原文中进行更正即可，如果无错误，单击【忽略】按钮即可，如图 3-54 所示。

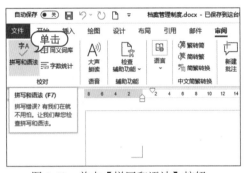

图 3-53　单击【拼写和语法】按钮

图 3-54　单击【忽略】按钮

03 查看下一处语法错误：忽略了语法错误后，会进行下一处语法错误的查找，如果没有错误，继续单击【忽略】按钮，直到完成文档所有内容的错误查找，如图 3-55 所示。

04 完成检查：此时会弹出对话框提示检查完成，如图 3-56 所示。

图 3-55　查看下一处语法错误

图 3-56　提示检查完成

② 在修订状态下修改文档

审阅文档时可以进入修订状态，对文档进行修改。所有进行操作过的地方都会显示标记，原制作者可以根据标记来决定接受或拒绝修改。

01 进入修订状态：单击【审阅】选项卡中的【修订】按钮，选择下拉菜单中的【修订】选项，如图 3-57 所示。

02 修改标题格式：进入修订状态后，直接选中标题，在【开始】选项卡的【字体】组中调整标题的字体、字号和加粗格式，此时在页面右边会出现修订标记，如图 3-58 所示。

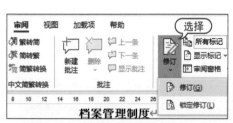

图 3-57 选择【修订】选项

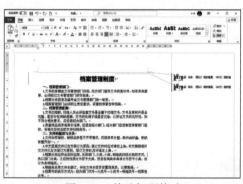

图 3-58 修改标题格式

03 添加内容：将光标定位到文档中的“使纸张整齐划一”内容下，这句话末尾的句号前，按 Delete 键删除“。”，再输入“，”和其他文字内容，此时添加的文字下方有一条红色横线，如图 3-59 所示。

04 删除内容：选中并删除多余的内容，此时被删除的文字上会被画一条红色横线，如图 3-60 所示。

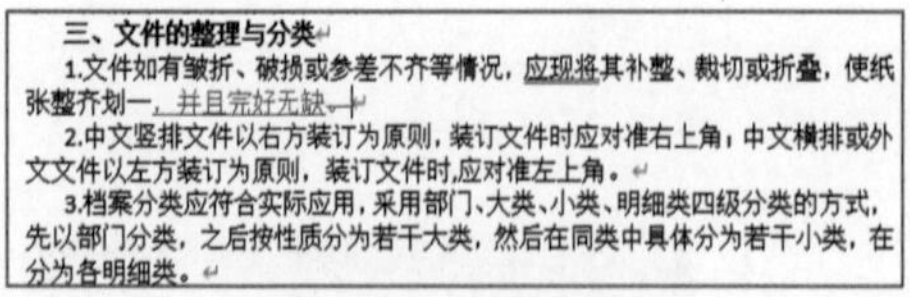
三、文件的整理与分类

1.文件如有皱折、破损或参差不齐等情况，应现将其补整、裁切或折叠，使纸张整齐划一，并且完好无缺。

2.中文竖排文件以右方装订为原则，装订文件时应对准右上角；中文横排或外文文件以左方装订为原则，装订文件时应对准左上角。

3.档案分类应符合实际应用，采用部门、大类、小类、明细类四级分类的方式，先以部门分类，之后按性质分为若干大类，然后在同类中具体分为若干小类，在分为各明细类。

图 3-59 添加内容

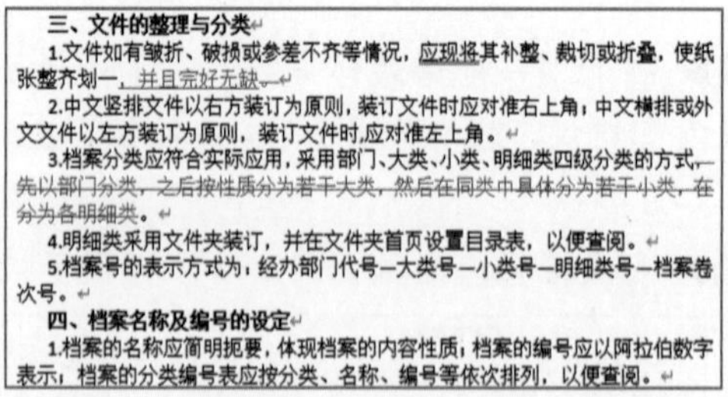
三、文件的整理与分类

1.文件如有皱折、破损或参差不齐等情况，应现将其补整、裁切或折叠，使纸张整齐划一，并且完好无缺。

2.中文竖排文件以右方装订为原则，装订文件时应对准右上角；中文横排或外文文件以左方装订为原则，装订文件时应对准左上角。

3.档案分类应符合实际应用，采用部门、大类、小类、明细类四级分类的方式，先以部门分类，之后按性质分为若干大类，然后在同类中具体分为若干小类，在分为各明细类。

4.明细类采用文件夹装订，并在文件夹首页设置目录表，以便查阅。

5.档案号的表示方式为：经办部门代号—大类号—小类号—明细类号—档案卷次号。

四、档案名称及编号的设定

1.档案的名称应简明扼要，体现档案的内容性质；档案的编号应以阿拉伯数字表示，档案的分类编号表应按分类、名称、编号等依次排列，以便查阅。

图 3-60 删除内容

05 显示批注框中的修订：添加和删除内容的操作并没有显示在批注框内，用户可以设置批注框显示，单击【审阅】选项卡中的【显示标记】下拉按钮，选择下拉菜单中的【批注框】|【在批注框中显示修订】选项，页面右边会出现批注框并显示修订内容，如图 3-61 所示。

06 打开审阅窗格：文档修订后，可以打开审阅窗格，里面会显示有关审阅的信息；单击【审阅】选项卡中的【审阅窗格】按钮，选择下拉菜单中的【垂直审阅窗格】选项，此时在页面左边会出现垂直的审阅窗格，可以在这里看到有关修订的信息，如图 3-62 所示。

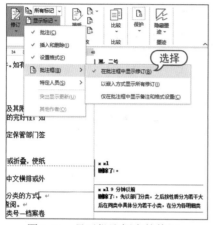

图 3-61　显示批注框中的修订

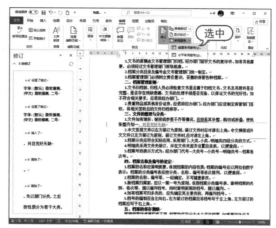

图 3-62　打开审阅窗格

07 退出修订：单击【审阅】选项卡中的【修订】按钮，如图 3-63 所示，可以退出修订状态。

08 查看下一处修订：当完成文档修订并退出修订状态后，可以单击【审阅】选项卡【更改】组中的【下一处修订】按钮，如图 3-64 所示，逐条查看有过修订的内容。

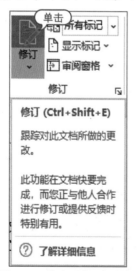

图 3-63　单击【修订】按钮

图 3-64　单击【下一处修订】按钮

09 接受修订：如果认同对文档的修改，可以接受修订，单击【审阅】选项卡中的【接受】按钮，选择下拉菜单中的【接受所有修订】选项，如图 3-65 所示。

10 拒绝修订：如果不认同对文档的修改，可以拒绝修订，单击【审阅】选项卡中的【拒绝】按钮，选择下拉菜单中的【拒绝所有修订】选项，如图 3-66 所示。

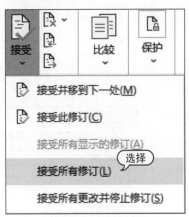

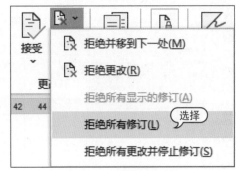

图 3-65　接受修订　　　　　　　　图 3-66　拒绝修订

3.3.2　批注档案管理制度

修订是指文档进入修订状态时对文档内容进行更改，而批注是指对有问题的内容添加修改意见或提出疑问，而非直接修改内容。当别人对文档添加批注后，文档的原制作者可以浏览批注内容，对批注进行回复或删除批注。

① 添加批注

批注是在文档内容外添加的一种注释，通常是多个用户对文档内容进行修订和审阅时附加的说明文字。

01 单击【新建批注】按钮：将光标放到文档中需要添加批注的地方，单击【审阅】选项卡中的【新建批注】按钮，如图 3-67 所示。

02 输入批注内容：此时会出现批注窗格，在窗格中输入批注内容，如图 3-68 所示；也可以选中一部分文本内容进行批注。

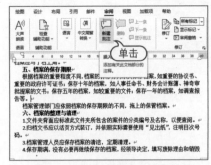

图 3-67　单击【新建批注】按钮　　　　图 3-68　输入批注内容

回复批注

当文档原制作者看到别人对文档添加的批注时，可以对批注进行回复。回复是针对批注问题或修改意见做出的答复。

01 单击【答复】按钮：将鼠标放到要回复的批注上，单击【答复】按钮，如图 3-69 所示。

02 输入答复内容：此时可以输入答复的文字内容，如图 3-70 所示。

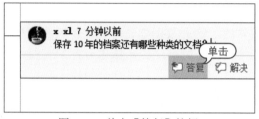

图 3-69　单击【答复】按钮

图 3-70　输入答复内容

03 解决答复：答复完毕后，如果批注者认为可以接受答复内容，则单击【解决】按钮表示完成批注的一问一答操作，此时要再次修改答复，则单击【重新打开】按钮，如图 3-71 所示。

04 删除批注：原制作者在查看别人对文档添加的批注时，如果不认同某条批注，或是认为某批注是多余的，可以对其进行删除；方法是将光标放到该批注上，选择【审阅】选项卡的【删除】菜单中的【删除】选项，如图 3-72 所示。

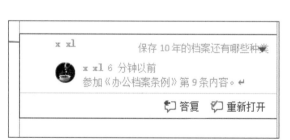

图 3-71　解决答复

图 3-72　删除批注

3.4 通关练习

扫一扫 看视频

通过前面内容的学习，读者应该已经掌握 Word 模板与样式功能。下面介绍制作"公司出入制度"这个案例，用户通过练习可以巩固本章所学知识。

案例解析

公司出入制度是由公司管理人员制作的，对出入公司进行规章管理的文档。制作者可以制作一个模板，在需要时直接调用并编辑，具体操作为先下载模板，然后对样式及内容进行修改。本节主要介绍关键步骤，其图示和制作流程图分别如图 3-73 和图 3-74 所示。

图示：

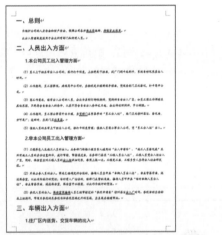

图 3-73   "公司出入制度"图示

制作流程图：

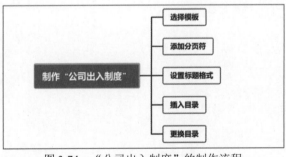

图 3-74   "公司出入制度"的制作流程

关键步骤

01 选择模板：启动 Word 2021，在【新建】界面中选择一个模板，如图 3-75 所示，然后单击【创建】按钮下载模板。

02 添加分页符：将光标放到模板页面最下方，选择【布局】选项卡【分隔符】菜单中的【分页符】选项，如图 3-76 所示。

图 3-75　选择并下载模板

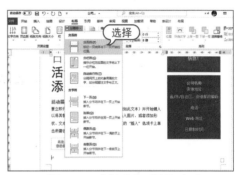
图 3-76　选择【分页符】选项

03 设置 1 级标题样式：在新的页面中输入 1 级标题文字，设置标题的大纲级别为 1 级，然后打开【修改样式】对话框设置 1 级标题的样式，如图 3-77 所示。

04 设置正文样式：输入正文文字，打开【根据格式化创建新样式】对话框，如图 3-78 所示，设置正文样式；然后再打开【段落】对话框，设置正文的缩进值为【2 字符】。

图 3-77　设置 1 级标题样式

图 3-78　设置正文样式

05 设置 2 级标题样式：输入 2 级标题文字，打开【根据格式化创建新样式】对话框，如图 3-79 所示，设置 2 级标题样式；在【段落】对话框中设置 2 级标题的大纲级别为 2 级。

06 插入目录：选择【目录】菜单中的【自动目录 1】选项，插入目录，如图 3-80 所示。

图 3-79　设置 2 级标题样式　　　　　　　　　图 3-80　选择【自动目录 1】选项

07 保存模板：选择【文件】菜单中的【另存为】选项，打开【另存为】对话框，选择模板保存类型，输入模板名称，设置模板路径，单击【保存】按钮，如图 3-81 所示。

08 将模板保存为文档：打开【另存为】对话框，在该对话框中设置"保存类型"为"Word 文档"，输入文档名称并设置保存路径后，单击【保存】按钮，如图 3-82 所示。

图 3-81　保存模板　　　　　　　　　　　图 3-82　将模板保存为文档

09 替换并删除内容：输入年份，再输入文档标题"公司出入管理制度"，如图 3-83 所示，选中下方的文字，按 Delete 键删除。

10 更换图片：右击左下角"此处是您的徽标"图片，选择快捷菜单中的【更改图片】|【来自文件】选项，打开【插入图片】对话框，选择图片并更换原图片，如图 3-84 所示。

图 3-83　替换并删除内容

图 3-84　更换图片

11 更换文本：更换绿色和红色色块中的文本，如图 3-85 所示。

12 输入 1 级标题内容：选中文档中的 1 级标题，输入新的 1 级标题内容，如图 3-86 所示。

图 3-85　更换文本

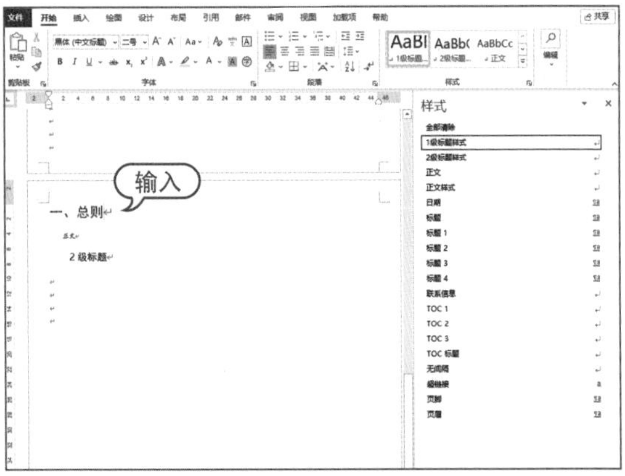

图 3-86　输入 1 级标题内容

13 替换文本：选中文档中的正文，输入新的正文内容，如图 3-87 所示。

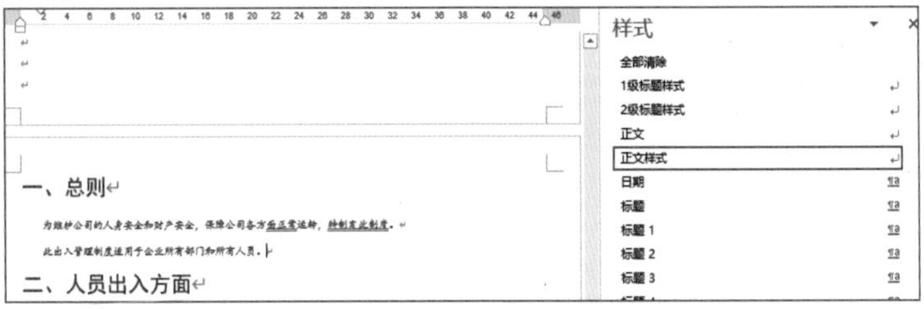

图 3-87　输入正文

14 替换2级标题内容：选中文档中的2级标题，输入新的2级标题内容，如图3-88所示。

图3-88　替换2级标题内容

15 替换其他内容：使用相同的方法，输入其他文本并对应各自的样式，如图3-89所示。

16 更新目录：单击目录上方的【更新目录】按钮，更新目录，然后删除不需要的元素，如图3-90所示。

图3-89　替换其他内容

图3-90　更新目录

17 查看文档：最后查看完成的"公司出入管理制度"文档，如图3-91所示。

图3-91　查看文档

3.5　专家解疑

如何设置样式快捷键？

通过 Word 2021 中的样式功能，可以为同一类型的内容设置相同的样式。如果同一类型的内容太多，则可为样式设置快捷键。

01 右击选中要设置快捷键的样式，选择快捷菜单中的【修改】选项，如图 3-92 所示。

02 单击【修改样式】对话框左下方的【格式】按钮，选择弹出菜单中的【快捷键】选项，如图 3-93 所示。

图 3-92　选择【修改】选项

图 3-93　选择【快捷键】选项

03 将光标放到【请按新快捷键】文本框中，按下快捷键，选择【将更改保存在】的文档，单击【指定】按钮，如图 3-94 所示。

04 返回【修改样式】对话框，单击【确定】按钮，如图 3-95 所示。

图 3-94　设置快捷键

图 3-95　单击【确定】按钮

05 选中要设置样式的内容，按下设置成功的样式快捷键，此时选中的内容便可快速应用该样式，如图 3-96所示。

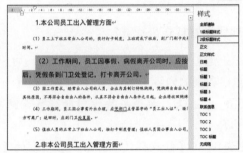

图 3-96　使用样式快捷键

第4章

在 Excel 表格中输入和编辑数据

Excel 2021 是目前最强大的电子表格制作软件之一，具有强大的数据组织、计算、分析和统计功能。本章以制作"员工档案表"等表格为例，介绍在 Excel 表格中输入与编辑数据的操作技巧。

本章要点：

- ✔ 新建工作簿和工作表
- ✔ 使用条件格式
- ✔ 输入数据
- ✔ 打印表格

文档展示：

4.1 制作“员工档案表”

扫一扫 看视频

案例解析

员工档案表是公司行政人事常用的一种Excel文档。该Excel文档可以存储很多数据类信息，员工档案表中包含员工的编号、姓名、性别、生日、学历等一系列信息。其图示和制作流程图分别如图4-1和图4-2所示。

图示：

姓名	性别	出生年月	学历	签约日期	所属部门	联系电话
晓芸	女	1981/11/4	本科	2003/12/3	编辑	138****8262
佳乐	女	1978/4/7	本科	2001/7/12	工程	135****4251
洁	女	1970/10/15	大专	2002/6/23	编辑	139****6873
雨珊	女	1978/6/19	本科	2002/7/16	策划	133****1269
朋	男	1976/5/18	大专	2005/11/17	编辑	135****3563
东莲	女	1975/9/28	大专	2006/1/8	编辑	132****4023
晓娜	女	1983/8/26	本科	2004/8/3	工程	138****7866
绚琴	女	1983/10/12	硕士	2004/12/10	编辑	138****2920
霜	女	1980/4/14	本科	2007/12/18	编辑	137****4227
政龙	男	1978/12/12	本科	1998/2/12	财务	133****0589
天成	男	1984/8/11	大专	2003/3/13	编辑	139****2080
宇	男	1979/11/16	本科	1979/1/14	编辑	138****7262

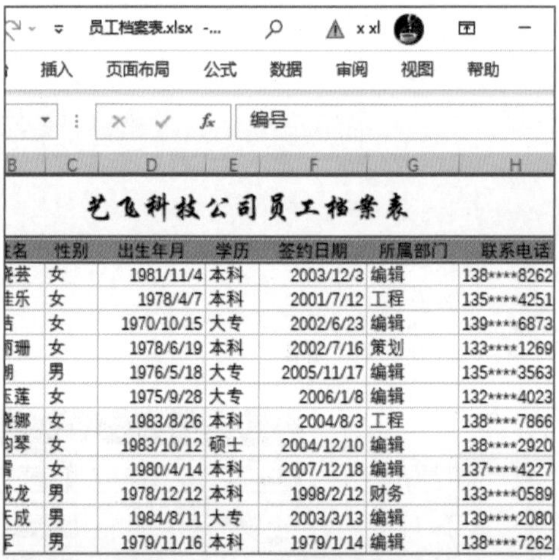

图4-1 “员工档案表”图示

制作流程图：

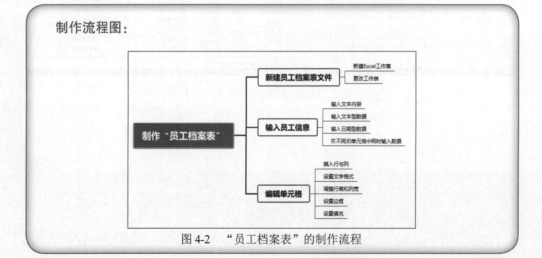

图4-2 “员工档案表”的制作流程

4.1.1　新建员工档案表文件

在办公应用中，常常有大量的数据信息需要使用 Excel 表格进行存储和处理，如公司员工的资料信息等。要使用 Excel 表格存储数据信息，首先要新建一个 Excel 文档。

◇ 新建 Excel 工作簿

工作簿是 Excel 用来处理和存储数据的文件。新建工作簿后，选择合适的文件保存位置，然后输入工作簿名称进行保存。

01 创建空白工作簿：启动 Excel 2021，单击【空白工作簿】按钮，将创建一个工作簿，如图 4-3 所示。

02 单击【保存】按钮：在快速访问工具栏中单击【保存】按钮 💾，如图 4-4 所示。

图 4-3　单击【空白工作簿】按钮

图 4-4　单击【保存】按钮

03 单击【更多选项】链接：打开对话框，单击左下方的【更多选项】链接，如图 4-5 所示。

04 选择【浏览】选项：打开【另存为】界面，选择【浏览】选项，如图 4-6 所示。

图 4-5　单击【更多选项】链接

图 4-6　选择【浏览】选项

05 保存工作簿：打开【另存为】对话框，选择文件的保存位置，输入工作簿名称后，单击【保存】按钮，如图 4-7 所示。

06 查看保存的工作簿：成功保存后的工作簿如图 4-8 所示，此时文件名称已进行了更改。

图 4-7　【另存为】对话框　　　　　　　　图 4-8　查看工作簿

② 更改工作表

一个工作簿中可以有多张工作表，为了区分这些工作表，可以对其进行重命名和更改标签颜色。

01 选择【重命名】命令：右击【Sheet1】工作表标签，在弹出的快捷菜单中选择【重命名】命令，如图 4-9 所示。

02 输入新名称：输入新名称"员工基本信息"，如图 4-10 所示。

图 4-9　选择【重命名】命令

图 4-10　输入新名称

03 增删工作表：读者可以根据需要添加工作表，或者将多余的工作表删除，单击 ⊕ 按钮即可新建一张工作表，如图 4-11 所示。要删除工作表，右击工作表标签，在弹出的快捷菜单中选择【删除】命令即可。

04 更改工作表标签的颜色：如果有多张工作表，可以更改工作表标签的颜色以进行区分。右击工作表标签，在弹出的快捷菜单中选择【工作表标签颜色】命令，在颜色级联菜单中选择一种颜色即可，如图 4-12 所示。

图 4-11　新建工作表

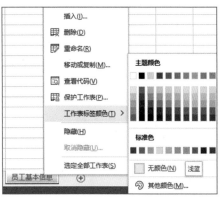

图 4-12　更改工作表标签的颜色

4.1.2　输入员工信息

工作表创建完毕后，即可在工作表的单元格中录入需要的信息。读者需要注意区分信息的类型和规律，以符合规则的方式正确输入数据。

1 输入文本内容

普通文本信息是 Excel 表格中最常见的一种信息，不需要设置数据类型即可输入。

01 输入第一个单元格的文本内容：将光标放在第一个单元格中，输入文本内容，如图 4-13 所示。

02 继续输入文本：按照同样的方法，继续输入其他文本内容，如图 4-14 所示。

图 4-13　输入文本内容

图 4-14　继续输入文本

2 输入文本型数据

文本型数据通常指的是一些非数值型文字、符号等，如企业的部门名称、员工的考核科目、产品的名称等。除此之外，许多不代表数量的、不需要进行数值计算的数字也可以保存为文本形式，如电话号码、身份证号码、股票代码等。如果在数值的左侧输入 0，0 将被自动省略，如 001，则自动会将该值转换为常规的数值格式 1，若要使数字保持输入时的格式，需要将数值转换为文本。可在输入数值时先输入单引号 (')。

01 输入英文单引号：在需要输入文本型数据的单元格中将输入法切换到英文状态，输入单引号 (')，如图 4-15 所示。

02 输入数字：输入"001"，Excel 将自动识别其为文本型数据，如图 4-16 所示。

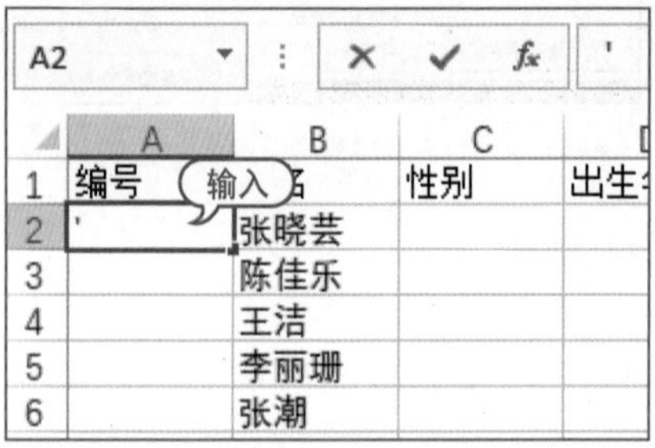

图 4-15　输入单引号 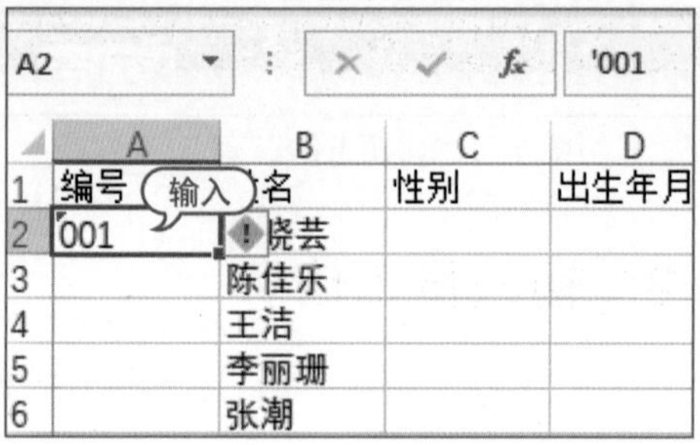　　　　　　　图 4-16　输入 001

03 填充数据：由于员工编号是按顺序递增的，因此可以利用"填充序列"功能完成其他编号内容的填充。将鼠标放到第一个员工编号单元格右下方，当鼠标变成黑色十字形状时，按住鼠标左键不放，往下拖动，直到拖动的区域覆盖完所有需要填充编号序列的单元格，如图 4-17 所示。

04 查看结果：此时编号完成数据填充，效果如图 4-18 所示。

图 4-17　填充数据 　　　　　　　图 4-18　填充效果

③ 输入日期型数据

在 Excel 中，日期和时间是以一种特殊的数值形式存储的，日期系统的序列值是一个整数数值，如一天的数值单位是 1，那么 1 小时可以表示为 1/24 天，1 分钟可以表示为 1/(24×60) 天等，一天中的每一时刻都可以由小数形式的序列值来表示。

01 设置数据类型：选中单元格，单击【开始】选项卡【数字】组中的对话框启动器按钮 ，打开【设置单元格格式】对话框，选择【分类】为【日期】，并选择一种【类型】，然后单击【确定】按钮，如图 4-19 所示。

02 输入日期数据：在单元格中输入日期数据，如图 4-20 所示。

图 4-19　选择日期型数据类型

图 4-20　输入日期数据

④ 在不同的单元格中同时输入数据

在输入表格数据时，若某些单元格中需要输入相同的数据，此时可同时输入。方法是同时选中要输入相同数据的多个单元格，输入数据后按 Ctrl+Enter 组合键即可。

01 选中要输入相同数据的单元格：按住键盘上的 Ctrl 键，选中要输入数据"大专"的单元格，如图 4-21 所示。

02 输入数据：此时直接输入"大专"，如图 4-22 所示。

图 4-21　同时选中单元格 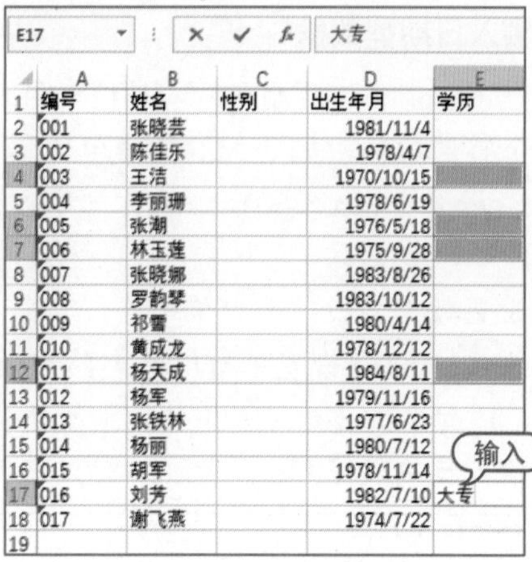　　　　　　　图 4-22　输入数据

03 按 Ctrl+Enter 组合键：按键盘上的 Ctrl+Enter 组合键，此时选中的单元格中自动填充数据"大专"，如图 4-23 所示。

04 输入类似的数据：使用相同的方法继续输入"学历""性别"和"所属部门"列内的数据，并在"联系电话"列内直接输入数据，完成数据的输入，如图 4-24 所示。

图 4-23　填充相同数据

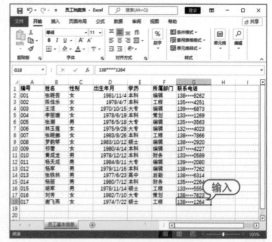

图 4-24　输入其他数据

4.1.3　编辑单元格

为了使工作表中的某些数据醒目和突出，也为了使整个版面更为丰富，通常需要对不同的单元格设置不同的格式。

插入行与列

读者可以通过插入行与列的功能来实现数据的增加。

01 选中列：将鼠标放到数据列上方，当鼠标变成黑色箭头时，单击鼠标，表示选中这一列数据，如图 4-25 所示。

02 选择【插入】命令：选中列后，右击鼠标，选择快捷菜单中的【插入】命令，如图 4-26 所示，此时选中的数据列左边便新建了一列空白数据列。

图 4-25　选中列

图 4-26　选择【插入】命令

03 输入数据：使用前面的方法，在空白列中输入标题"签约日期"，并输入日期型数据，如图 4-27 所示。

图 4-27　输入数据

04 选中行：将鼠标放到数据行左方，当鼠标变成黑色箭头时，单击鼠标，表示选中这一行数据，如图 4-28 所示。

05 选择【插入】命令：右击鼠标，选择快捷菜单中的【插入】命令，此时选中的数据行上方便新建了一行空白数据行，如图 4-29 所示。

图 4-28 选择行　　　　　　　　　　图 4-29 插入空白行

06 合并单元格：选中新建的行，单击【开始】选项卡【对齐方式】组中的【合并单元格】按钮，选择下拉菜单中的【合并后居中】命令，如图 4-30 所示。

07 输入标题文本：合并单元格后，输入标题文本内容，效果如图 4-31 所示。

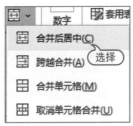

图 4-30 选择【合并后居中】命令　　　　图 4-31 输入文本

② 设置文字格式

完成单元格的调整及文字的输入后，用户可以设置单元格的文字格式，这里只需要设置标题及表头文字的格式即可。

01 设置标题格式：选中标题单元格，在【开始】选项卡的【字体】组中设置标题的字体、字号，如图 4-32 所示。

02 设置表头文字格式：选中表头文字所在列，在【字体】组中设置表头文字的字体和字号，并单击【对齐方式】组中的【居中】按钮，如图 4-33 所示。

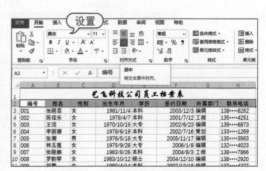

图 4-32 设置标题格式　　　　　　图 4-33 设置表头文字格式

③ 调整行高和列宽

接下来需要查看单元格的行高和列宽是否与文字匹配，用户可以通过拖动鼠标的方式调整单元格大小，也可以精确设置行高和列宽或进行自动调整。

01 用拖动鼠标的方式调整行高：将鼠标放到标题行下方的边框线上，当鼠标变成黑色双向箭头时，按住鼠标左键不放，向下拖动鼠标，可增加第 1 行的行高，如图 4-34 所示。

02 用拖动鼠标的方式调整列宽：将鼠标放到第 1 列右方的边框线上，当鼠标变成黑色双向箭头时，按住鼠标左键不放，向右拖动鼠标，可增加第 1 列的列宽，如图 4-35 所示。

图 4-34　调整行高　　　　　　　　图 4-35　调整列宽

03 精确调整：要精确设置行高和列宽，可以选定单行或单列，在【开始】选项卡的【单元格】组中单击【格式】下拉按钮，从弹出的下拉菜单中选择【行高】或【列宽】命令，将会打开【行高】或【列宽】对话框，输入精确的数字，单击【确定】按钮即可，如图 4-36 所示。

04 自动调整：选中要调整的单元格，在【开始】选项卡的【单元格】组中单击【格式】下拉按钮，从弹出的下拉菜单中选择【自动调整行高】或【自动调整列宽】命令，Excel 将自动调整表格各行的行高或各列的宽度，如图 4-37 所示。

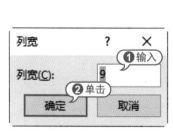

图 4-36　精确调整　　　　　　　　图 4-37　自动调整

④ 设置边框

默认情况下，Excel 并不为单元格设置边框，工作表中的框线在打印时并不显示出来。有时为了突出显示某些单元格，可以为单元格区域添加边框并设置其属性。

01 打开【设置单元格格式】对话框：选中表格的 A1:H19 单元格区域，在【开始】

选项卡的【字体】组中单击【边框】下拉按钮，从弹出的下拉菜单中选择【其他边框】命令，如图 4-38 所示，打开【设置单元格格式】对话框。

02 设置边框属性：打开【边框】选项卡，在【直线】选项区域的【样式】列表框中选择一种样式，在【颜色】下拉列表中选择蓝色，在【预置】选项区域中单击【外边框】按钮，为选定的单元格区域设置外边框，单击【确定】按钮，如图 4-39 所示。

图 4-38　选择【其他边框】命令　　　　图 4-39　设置边框

5 设置填充

设置表格中的填充色也可以突出显示表格内容，使表格的重点内容一目了然。

01 设置填充背景色：选中表头标题所在的单元格 A2:H2，使用前面的方法打开【设置单元格格式】对话框的【填充】选项卡，在【背景色】选项区域中选择一种颜色，在【图案颜色】下拉列表中选择【白色】色块，在【图案样式】下拉列表中选择一种图案样式，单击【确定】按钮，如图 4-40 所示。

02 查看表格：此时设置过边框和填充色的表格效果如图 4-41 所示。

图 4-40　设置背景色　　　　图 4-41　表格效果

4.2　制作"销售业绩表"

扫一扫 看视频

案例解析

　　销售业绩表是企业销售部门常用的一种文档，主要记录员工每个时间段销售产品的金额。本案例将应用 Excel 的条件格式及迷你图功能来展示表格中销售数据之间的差距。其图示和制作流程图分别如图 4-42 和图 4-43 所示。

图示：

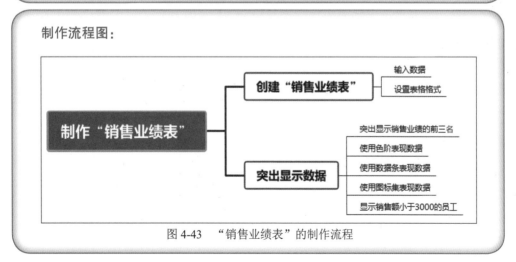

图 4-42　"销售业绩表"图示

制作流程图：

图 4-43　"销售业绩表"的制作流程

4.2.1 创建"销售业绩表"

若要创建"销售业绩表"，首先需要输入基本数据，然后设置必要的表格格式。

① 输入数据

选中单元格并录入员工编号、姓名、销售额等数据，然后合并第一行单元格并输入标题。

01 输入表格数据：启动 Excel 2021，新建名为"销售业绩表"的工作簿，然后在 A2:E12 单元格区域内输入数据，如图 4-44 所示。

02 合并单元格：选中 A1:E5 单元格区域，在【开始】选项卡的【对齐方式】组中单击【合并单元格】按钮，将其合并为一个单元格，然后输入标题，如图 4-45 所示。

图 4-44 输入数据

图 4-45 合并单元格并输入标题

② 设置表格格式

输入表格数据后，需要对表格文本及表格外形设置一些基础格式。

01 设置文本格式：设置标题字体为黑体、字号为 14，然后设置其余数据的字体格式，如图 4-46 所示。

02 设置表格框线：选中标题下的表格内容，单击【边框】下拉按钮，从弹出的下拉菜单中选择【所有框线】选项，如图 4-47 所示。

图 4-46 设置文本格式

图 4-47 设置表格框线

4.2.2　突出显示数据

使用 Excel 2021 提供的条件格式功能，可以根据指定的公式或数值来确定搜索条件，然后将格式应用到符合搜索条件的选定单元格中，并突出显示要检查的动态数据。

◇ 突出显示销售业绩的前三名

使用条件格式的【最前 / 最后规则】选项，可以设置显示销售额前三名的数据。

01 单击【条件格式】下拉按钮：选中"销售额"下的 E3:E12 单元格区域，在【开始】选项卡中单击【条件格式】下拉按钮，在弹出的下拉列表中选择【最前 / 最后规则】|【前 10 项】选项，如图 4-48 所示。

02 设置前三名：打开【前 10 项】对话框，在文本框内输入"3"，在【设置为】下拉列表中选择【红色文本】选项，单击【确定】按钮，此时销售额前三名以红色文本显示出来，如图 4-49 所示。

图 4-48　选择【前 10 项】选项

图 4-49　显示前三名数据

◇ 使用色阶表现数据

条件格式的色阶功能，其原理是应用颜色的深浅来显示数据的大小。颜色越深表示数据越大，颜色越浅表示数据最小。

01 选择色阶颜色：选中 E3:E12 单元格区域，在【开始】选项卡中单击【条件格式】下拉按钮，在弹出的下拉列表中选择【色阶】|【红 - 黄 - 绿色阶】选项，如图 4-50 所示。

02 查看色阶效果：此时查看色阶效果，颜色的深浅可以快速对比销售额高低，如图 4-51 所示。

图 4-50　选择色阶颜色

图 4-51　查看色阶效果

③ 使用数据条表现数据

使用条件格式的数据条效果可以直观地显示数值大小的对比程度。

01 选择数据条选项：按 Ctrl+Z 组合键返回未使用条件格式的表格，然后选中 E3:E12 单元格区域，在【开始】选项卡中单击【条件格式】下拉按钮，在弹出的下拉列表中选择【数据条】|【浅蓝色数据条】选项，如图 4-52 所示。

02 查看数据条效果：此时查看数据条效果，数据条的长短可以快速对比销售额大小，如图 4-53 所示。

图 4-52　选择数据条选项　　　　　　　　　图 4-53　查看数据条效果

④ 使用图标集表现数据

使用图标集可以在单元格区域内各范围的数据前显示不同的图标，Excel 2021 提供了方向、形状、标记、等级四种内置的图标集样式，方便读者快速使用。

01 选择图标集选项：按 Ctrl+Z 组合键返回未使用条件格式的表格，然后选中 E3:E12 单元格区域，在【开始】选项卡中单击【条件格式】下拉按钮，在弹出的下拉列表中选择【图标集】|【三角箭头(彩色)】选项，如图 4-54 所示。

02 查看图标集效果：此时查看图标集的方向箭头效果，如图 4-55 所示。

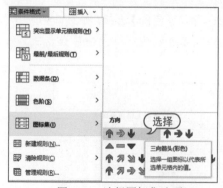

图 4-54　选择图标集选项　　　　　　　　　图 4-55　查看图标集效果

⑤ 显示销售额小于 3000 元的员工

读者可以自定义电子表格的条件格式，来查找或编辑符合条件格式的单元格。

01 选择【新建规则】选项：选中员工姓名的 B3:B12 单元格区域，选择【条件格式】下拉列表中的【新建规则】选项，如图 4-56 所示。

02 输入公式：在弹出的【新建格式规则】对话框中选择【使用公式确定要设置格式的单元格】规则类型，在文本框内输入公式"=E3:E12<3000"，表示选择销售额小于 3000 元的数据，单击【格式】按钮，如图 4-57 所示。

图 4-56　选择【新建规则】选项

图 4-57　输入公式

03 设置单元格填充格式：打开【设置单元格格式】对话框，选择一种填充颜色，单击【确定】按钮，如图 4-58 所示。

04 显示效果：返回【新建格式规则】对话框，单击【确定】按钮，此时在 B3:B12 单元格区域中将以浅绿色显示销售额小于 3000 元的员工姓名，如图 4-59 所示。

图 4-58　【设置单元格格式】对话框

图 4-59　显示效果

Word Excel PPT 高效办公（微视频版）

扫一扫 看视频

4.3 打印"中标记录表"

案例解析

使用 Excel 2021 提供的设置页面、设置打印区域、打印预览等功能，可以对制作好的电子表格进行打印设置。本节将以"中标记录表"为例，进行打印设置的操作，其图示和制作流程图分别如图 4-60 和图 4-61 所示。

图示：

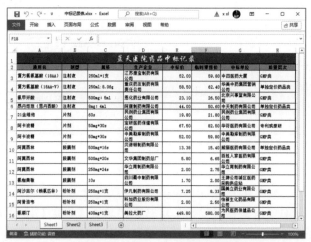

图 4-60 "中标记录表"图示

制作流程图：

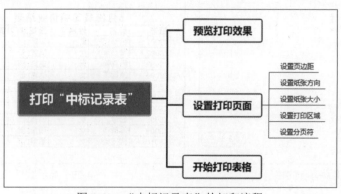

图 4-61 "中标记录表"的打印流程

4.3.1　预览打印效果

Excel 2021 提供打印预览功能，用户可以通过该功能查看打印效果。若不满意可以及时调整，避免打印后不能使用而造成浪费。

01 选择【打印】命令：打开"中标记录表"工作簿，单击【文件】按钮，选择【打印】命令，此时打开【打印】界面，右侧显示预览效果窗格，如图 4-62 所示。

02 预览表格：如果是多页表格，可以单击左下角的页面按钮 ◀ ▶ 左右选择页数进行预览。单击右下角的【缩放到页面】按钮 ⊕，预览窗格可以显示完整的原始页面，单击旁边的【显示边距】按钮 ▦ 可以显示默认页边距，如图 4-63 所示。

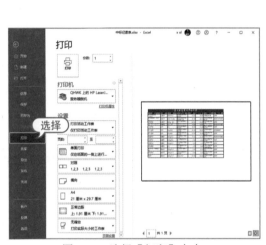

图 4-62　选择【打印】命令

图 4-63　单击【显示边距】按钮

4.3.2　设置打印页面

在打印工作表之前，用户可根据要求对希望打印的工作表进行一些必要的设置。例如，设置打印的方向、纸张的大小、页眉或页脚和页边距等。

◇ 设置页边距

页边距指的是工作表的边缘与打印纸边缘之间的距离。Excel 2021 提供了 3 种预设的页边距方案，分别为【常规】【宽】与【窄】。

01 选择【窄】页边距：在"中标记录表"工作簿中打开【页面布局】选项卡，在【页面设置】组中单击【页边距】按钮，在弹出的菜单中选择【窄】命令，如图 4-64 所示。

02 预览页边距效果：单击【文件】按钮，选择【打印】命令，打开【打印】界面显示预览效果，如图 4-65 所示。

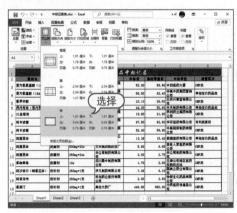

图 4-64　选择【窄】页边距

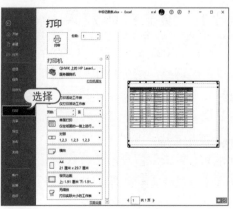

图 4-65　查看页边距效果

高手答疑

　　如果预设的 3 种页边距方案不能满足用户的需要，也可以单击【页边距】按钮，在弹出的菜单中选择【自定义页边距】命令，如图 4-66 所示，打开【页面设置】对话框的【页边距】选项卡，从中自定义页边距大小，如图 4-67 所示。

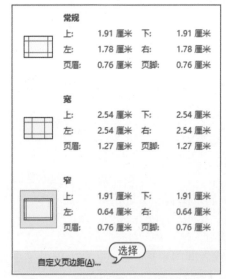

图 4-66　选择【自定义页边距】命令

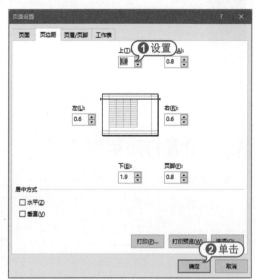

图 4-67　自定义页边距

设置纸张方向

　　在设置打印页面时，打印方向可设置为纵向打印和横向打印两种。纵向打印是指按每行从左到右进行打印，打印输出的页面是竖立的。横向打印指按每行从上到下进行打印，打印输出的页面是横立的。纵向打印常用于打印窄表，而横向打印常用于打印宽表。

01 选择【纵向】打印：在"中标记录表"工作簿中打开【页面布局】选项卡，在【页面设置】组中单击【纸张方向】按钮，在弹出的菜单中选择【纵向】命令，如图 4-68 所示。

02 预览纵向效果：单击【文件】按钮，选择【打印】命令，打开【打印】界面显示预览效果，如图 4-69 所示。然后使用相同的方法，恢复原始的横向纸张方向。

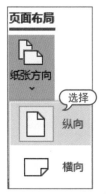

图 4-68　选择【纵向】命令

图 4-69　预览纵向效果

设置纸张大小

在设置打印页面时，应选用与打印机中打印纸大小对应的纸张大小。

01 选择纸张大小选项：在"中标记录表"工作簿中打开【页面布局】选项卡，在【页面设置】组中单击【纸张大小】按钮，在弹出的菜单中选择【A4】命令，如图 4-70 所示。

02 在【页面】选项卡中进行设置：用户也可以选择【其他纸张大小】命令，打开【页面设置】对话框的【页面】选项卡，在【纸张大小】下拉列表中选择需要的选项，如图 4-71 所示。

图 4-70　选择【A4】命令

图 4-71　在【页面】选项卡中进行设置

高手点拨

读者选择的纸张大小与打印机中的纸张不匹配时，若设置的纸张大小大于实际纸张大小，则不影响打印效果；若设置的纸张小于实际纸张大小，则可能无法完整打印电子表格的内容。

④ 设置打印区域

在打印工作表时，可能会遇到不需要打印整张工作表的情况，此时可以设置打印区域，只打印工作表中所需的部分。

01 设置打印区域：选定表格的前 5 行，在【页面布局】选项卡的【页面设置】组中单击【打印区域】按钮，在弹出的下拉菜单中选择【设置打印区域】命令，如图 4-72 所示。

02 预览打印区域效果：选择【文件】|【打印】命令，可以看到预览窗格中只显示表格的前 5 行，表示打印区域为表格的前 5 行，如图 4-73 所示。

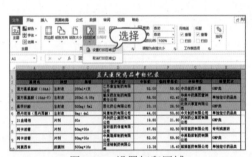

图 4-72　设置打印区域

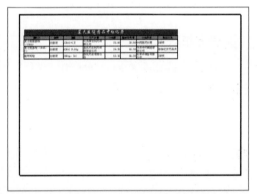

图 4-73　预览打印区域效果

高手点拨

读者每次只能设置一块打印区域，当用户重新设置新的打印区域后，旧的打印区域会自动被撤销。还需要注意的是，若选择的是不连续的打印区域，则会自动分页打印选定区域。

⑤ 设置分页符

如果需要打印的工作表中的内容不止一页时，Excel 会自动插入分页符，将工作表分成多页。读者也可以自定义插入分页符的位置，从而改变页面布局。

01 插入分页符：选定表格的第 9 行，在【页面布局】选项卡的【页面设置】组中单击【分隔符】按钮，在弹出的下拉菜单中选择【插入分页符】命令，如图 4-74 所示。

02 预览分页打印效果：选择【文件】|【打印】命令，可以看到预览窗格中的分页

打印效果，如图 4-75 所示。单击左下角页数的左右按钮，可以切换打印页面。

图 4-74　插入分页符　　　　　　　　　图 4-75　分页打印效果

✏ 高手点拨

　　若要删除分页符，则先选定插入该分页符时选定的单元格，然后单击【分隔符】按钮，在弹出的下拉菜单中选择【删除分页符】命令即可。

4.3.3　开始打印表格

　　设置工作表的打印页面并在打印预览窗格确认打印效果之后，即可打印该工作表。

01 在【打印】界面中设置：选择【文件】|【打印】命令，在【打印】界面中可以选择要使用的打印机并设置打印范围、打印内容等选项，如图 4-76 所示。

02 单击【打印】按钮：设置【份数】为 3 份，选择【横向】选项，选择 A4 纸，然后单击【打印】按钮即可打印 3 份该表格，如图 4-77 所示。

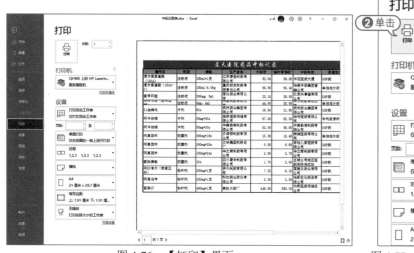

图 4-76　【打印】界面

图 4-77　单击【打印】按钮

4.4　通关练习

扫一扫 看视频

通过前面内容的学习，读者应该已经掌握在 Excel 中输入数据、修改表格格式等内容。下面介绍制作"公司财务支出统计表"这个案例，用户可以通过练习巩固本章所学知识。

案例解析

公司财务支出统计表是由公司财务人员制作的，对公司每月财务支出进行初步统计的电子表格。这里使用 Excel 2021 创建工作簿并输入各种类型和格式的数据，然后对表格格式进行设置。本节主要介绍关键步骤，其图示和制作流程图分别如图 4-78 和图 4-79 所示。

图示：

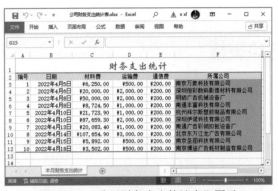

图 4-78　"公司财务支出统计表"图示

制作流程图：

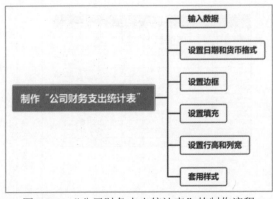

图 4-79　"公司财务支出统计表"的制作流程

关键步骤

01 输入数据：启动 Excel 2021，新建"公司财务支出统计表"工作簿，并将工作表名称重命名为"本月财务支出统计"，然后在表格中输入数据，如图 4-80 所示。

02 设置日期格式：选定 B3:B12 单元格区域，右击，在弹出的快捷菜单中选择【设置单元格格式】命令，打开【设置单元格格式】对话框，选择【数字】选项卡，在【分类】列表框中选择【日期】选项，在【类型】列表框中选择一种日期格式，单击【确定】按钮，如图 4-81 所示。

图 4-80　输入数据

图 4-81　设置日期格式

03 设置为货币格式：选定 C3:E12 单元格区域，在【开始】选项卡的【数字】组中打开【数字格式】下拉列表，选择【货币】选项，将数据设置为货币格式，如图 4-82 所示。

04 设置字体：选中表格数据，将其设置为宋体、字号为 11，如图 4-83 所示。

图 4-82　设置为货币格式

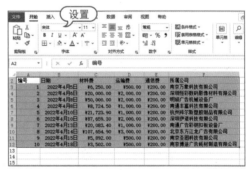

图 4-83　设置字体

05 添加标题：在表格的第一行输入标题，设置文本格式，合并单元格并将文字居中显示，如图 4-84 所示。

06 设置边框：选定 A2:F12 单元格区域，打开【开始】选项卡，在【字体】组中单击【边框】下拉按钮，从弹出的下拉菜单中选择【其他边框】命令，打开【设置单元格格式】对话框的【边框】选项卡，在【直线】选项区域的【样式】列表框中选择一种样式，在【预置】选项区域中单击【外边框】按钮，然后单击【确定】按钮，如图 4-85 所示。

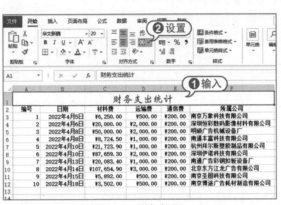

图 4-84　添加标题

图 4-85　设置边框

07 设置填充：选定 A2:F2 单元格区域，打开【设置单元格格式】对话框的【填充】选项卡，在【背景色】选项区域中为列标题单元格选择一种颜色，然后单击【确定】按钮，如图 4-86 所示。

08 查看边框和填充效果：此时可以查看设置边框和填充色后的表格效果，如图 4-87 所示。

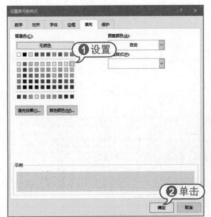

图 4-86　设置填充

图 4-87　查看效果

09 精确调整行高：选中第一行，选择【开始】选项卡，在【单元格】组中单击【格式】下拉按钮，从弹出的下拉菜单中选择【行高】命令，打开【行高】对话框，输入"30"，单击【确定】按钮，如图 4-88 所示。

10 调整至最合适列宽：选定 A2:F2 单元格区域，选择【开始】选项卡，在【单元格】组中单击【格式】下拉按钮，从弹出的下拉菜单中选择【自动调整列宽】命令，即可调整所选内容至最合适的列宽，如图 4-89 所示。

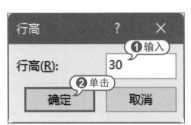

图 4-88　设置行高

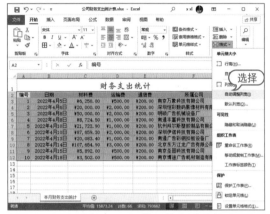

图 4-89　调整至最合适列宽

11 套用内置样式：选定 F3:F12 单元格区域，在【开始】选项卡的【样式】组中单击【单元格样式】按钮，在弹出的菜单中选择【浅蓝 60%- 着色 1】选项，如图 4-90 所示。

12 查看表格效果：此时选定的单元格区域会自动套用该样式，效果如图 4-91 所示。

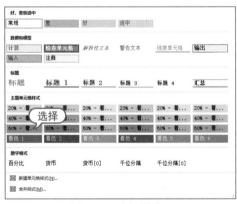

图 4-90　选择样式

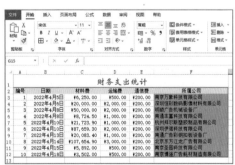

图 4-91　查看表格效果

4.5　专家解疑

① 如何在单元格中输入平方数？

通过 Excel 2021 中的"上标"功能，可以输入平方数字。

01 打开【设置单元格格式】对话框，选中【上标】复选框，单击【确定】按钮，如图 4-92 所示。

02 此时上标平方的输入效果如图 4-93 所示。

图 4-92　【设置单元格格式】对话框

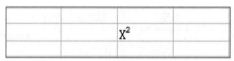

图 4-93　输入平方 2

② 如何在单元格中输入分数？

要在单元格内输入分数，正确的输入方式是：整数部分＋空格＋分子＋斜杠＋分母，整数部分为零时也要输入"0"进行占位。

01 要输入分数 1/4，可以在单元格内输入"0 1/4"，输入完毕后，按 Enter 键，Excel 自动显示为 1/4，如图 4-94 所示。

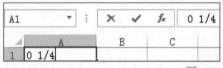

图 4-94　输入分数 1/4

02 输入分数 4 1/4，Excel 会自动对分数进行分子分母的约分，如果用户输入分数的分子大于分母，Excel 会自动进位转换。比如输入"0 17/4"，将会显示为"4 1/4"，如图 4-95 所示。

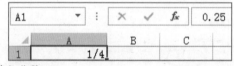

图 4-95　输入分数 4 1/4

第5章 运用公式与函数计算数据

Excel 2021 中的公式和函数不仅可以帮助用户快速并准确地计算表格中的数据，还可以解决办公中的各种查询与统计等实际问题。本章以制作"公司考核表"和"工资表"等表格为例，介绍 Excel 表格计算及统计数据的操作技巧。

本章要点：

- 输入公式
- 应用名称
- 使用函数
- 设置数据验证

文档展示：

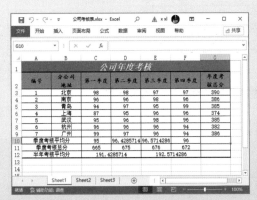

Word Excel PPT 高效办公（微视频版）

5.1 制作"公司考核表"

扫一扫 看视频

案例解析

　　公司考核表是公司考察各个分公司年度考核分数的汇总工作表。使用公式和函数可以计算考核总分及季度考核平均分等数据；使用引用函数及定义名称的方式，可以更加便利地计算表格数据。其图示和制作流程图分别如图 5-1 和图 5-2 所示。

图示：

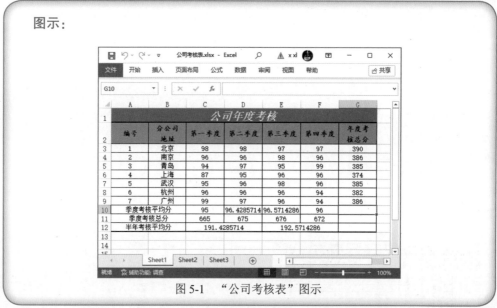

图 5-1　"公司考核表"图示

制作流程图：

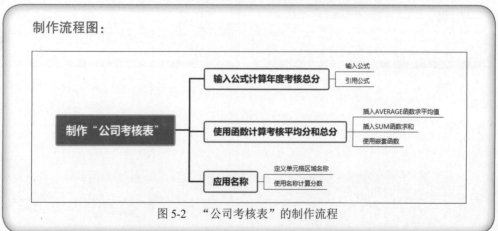

图 5-2　"公司考核表"的制作流程

110

5.1.1　输入公式计算年度考核总分

在 Excel 2021 中输入数据后，可通过 Excel 的公式对这些数据进行精确运算。

◈ 输入公式

输入公式的方法与输入文本的方法类似，具体方法为：选择要输入公式的单元格，在编辑栏中直接输入"="符号，然后输入公式内容，按 Enter 键，即可将公式运算的结果显示在所选单元格中。

01 创建空白工作簿：启动 Excel 2021，新建"公司考核表"工作簿，输入数据并设置其格式，如图 5-3 所示。

02 输入求和公式：选择 G3 单元格，然后在编辑栏中输入公式"=C3+D3+E3+F3"，按 Enter 键，即可在 G3 单元格中显示公式计算结果，如图 5-4 所示。

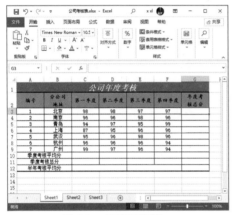

图 5-3　创建工作簿

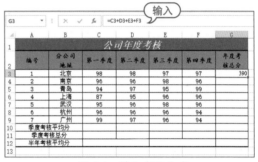

图 5-4　输入求和公式

03 复制公式：通过复制公式操作，可以快速地在其他单元格中输入公式。选定 G3 单元格，打开【开始】选项卡，在【剪贴板】组中单击【复制】按钮，如图 5-5 所示。选定 G4 单元格，在【开始】选项卡的【剪贴板】组中单击【粘贴】按钮，即可将公式复制到 G4 单元格中，如图 5-6 所示。

图 5-5　单击【复制】按钮

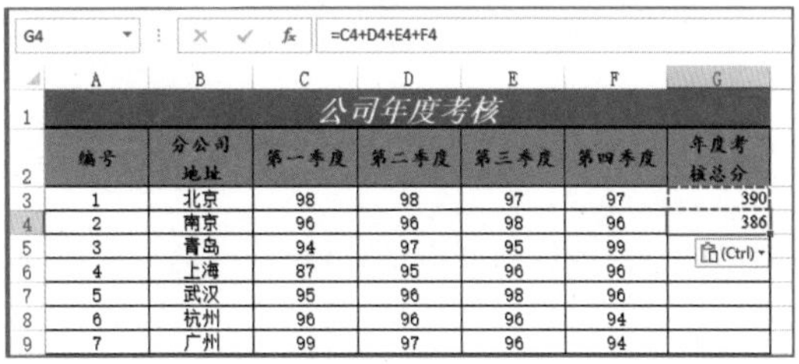

图 5-6　粘贴公式

② 引用公式

公式的引用，可以在一个公式中使用工作表不同部分的数据，或者在几个公式中使用同一单元格的数值。相对引用包含了当前单元格与公式所在单元格的相对位置。

`01` **相对引用公式**：将光标移至 G4 单元格边框，当光标变为 ✛ 形状时，拖曳鼠标选择 G5:G9 单元格区域，如图 5-7 所示。

`02` **查看引用效果**：释放鼠标，即可将 G4 单元格中的公式相对引用至 G5:G9 单元格区域中，效果如图 5-8 所示。

图 5-7　拖曳鼠标

图 5-8　相对引用效果

🖉 高手点拨

在 Excel 2021 中，常用的引用单元格的方式包括相对引用、绝对引用与混合引用。绝对引用的公式中单元格的精确地址与包含公式的单元格的位置无关。它在列标和行号前分别加上美元符号 "$"。例如，$A$5 表示单元格 A5 的绝对引用，$A$3:$C$5 表示单元格区域 A3:C5 的绝对引用。混合引用指的是在一个单元格引用中既有绝对引用，同时也包含相对引用，即混合引用绝对列和相对行，或绝对行和相对列。绝对引用列采用 $A1、$B1 的形式，绝对引用行采用 A$1、B$1 的形式。如果公式所在单元格的位置改变，则相对引用改变，而绝对引用不变。如果多行或多列地复制公式，相对引用自动调整，而绝对引用不做调整。

5.1.2　使用函数计算季度考核平均分和总分

Excel 2021 将具有特定功能的一组公式组合在一起，形成了函数。使用函数能更加便利地计算数据。

① 插入 AVERAGE 函数求平均值

AVERAGE 函数用于计算参数的算术平均数。参数可以是数值或包含数值的名称、数组或引用。使用 AVERAGE 函数可以很轻松地计算季度及半年度的考核平均分。

01 单击【插入函数】按钮：选定 C10 单元格，打开【公式】选项卡，在【函数库】组中单击【插入函数】按钮，如图 5-9 所示。

02 选择【AVERAGE】函数：打开【插入函数】对话框，在【或选择类别】下拉列表中选择【常用函数】选项，然后在【选择函数】列表框中选择【AVERAGE】选项，单击【确定】按钮，如图 5-10 所示。

图 5-9　单击【插入函数】按钮

图 5-10　选择【AVERAGE】函数

03 设置计算范围：打开【函数参数】对话框，在【Number1】文本框中输入计算平均值的范围，这里输入 C3:C9，单击【确定】按钮，如图 5-11 所示。

04 显示计算结果：在 C10 单元格中显示计算结果，使用同样的方法，在 D10:F10 单元格区域中插入函数 AVERAGE 计算平均值，效果如图 5-12 所示。

图 5-11　设置计算范围

图 5-12　显示计算结果

② 插入 SUM 函数求和

Excel 中最常用的函数是 SUM 函数，其作用是返回某一单元格区域中所有数字之和。

01 选择【SUM】选项：选定 C11 单元格，在【公式】选项卡中单击【插入函数】按钮，打开【插入函数】对话框，选择【常用函数】选项，然后在【选择函数】列表框中选择【SUM】选项，单击【确定】按钮，如图 5-13 所示。

02 ▶ 设置计算范围：打开【函数参数】对话框，在 SUM 选项区域的 Number1 文本框中输入计算求和的范围，这里输入 C3:C9，单击【确定】按钮，如图 5-14 所示。

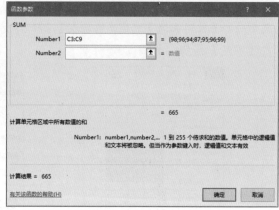

图 5-13　选择【SUM】函数　　　　图 5-14　设置计算范围

03 ▶ 显示计算结果：在 C11 单元格中显示计算结果，如图 5-15 所示。

04 ▶ 使用相对引用：使用相对引用的方式，在 D11:F11 单元格区域中相对引用 C11 的函数，计算效果如图 5-16 所示。

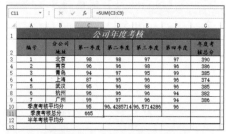
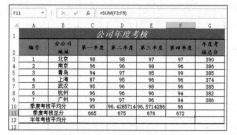

图 5-15　显示计算结果　　　　图 5-16　相对引用函数

③ 使用嵌套函数

在某些情况下，可能需要将某个公式或函数的返回值作为另一个函数的参数来使用，这就是函数的嵌套使用。

01 ▶ 选择【平均值】命令：选定 C12 单元格，打开【公式】选项卡，在【函数库】组中单击【自动求和】下拉按钮，从弹出的下拉菜单中选择【平均值】命令，即可插入 AVERAGE 函数，如图 5-17 所示。

02 ▶ 修改函数：在编辑栏中，修改函数为"=AVERAGE(C3+D3,C4+D4,C5+D5,C6+D6,C7+D7,C8+D8, C9+D9)"，如图 5-18 所示。

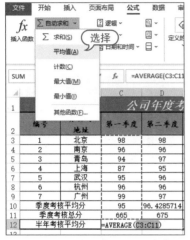

图 5-17　选择【平均值】命令

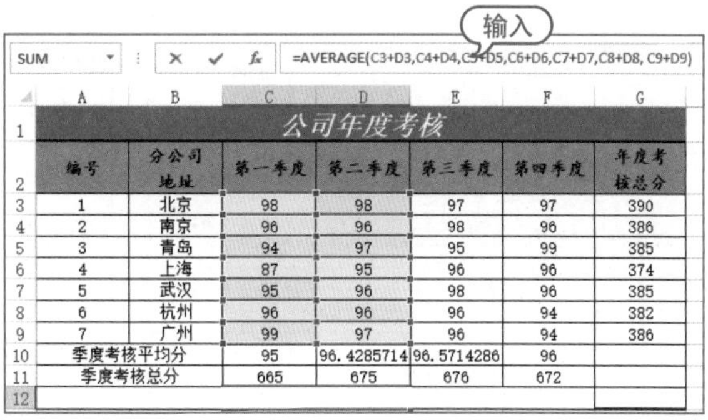

图 5-18　修改函数

03 按组合键：按 Ctrl+Enter 组合键，即可使用函数嵌套功能并显示计算结果，如图 5-19 所示。

04 相对引用函数：使用相对引用函数的方法在 E12 中计算下半年的考核平均分，如图 5-20 所示。

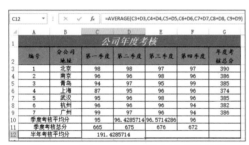

图 5-19　按 Ctrl+Enter 组合键后的结果

图 5-20　相对引用函数

5.1.3　使用名称

名称是工作簿中某些项目或数据的标识符。在公式或函数中使用名称代替数据区域进行计算，可以使公式更为简洁，从而避免输入出错。

① 定义单元格区域名称

为了方便处理数据，可以将一些常用的单元格区域定义为特定的名称。

01 单击【定义名称】按钮：清除 C10:F12 单元格区域的数据，选定 C3:C9 单元格区域，打开【公式】选项卡，在【定义的名称】组中单击【定义名称】按钮，如图 5-21 所示。

02 设置【新建名称】对话框：打开【新建名称】对话框，在【名称】文本框中输入名称，单击【确定】按钮，如图 5-22 所示。

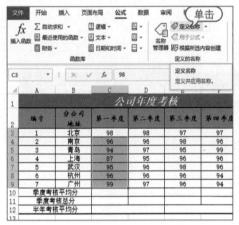 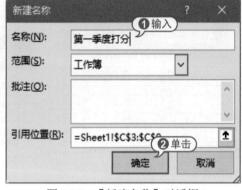

图 5-21　单击【定义名称】按钮　　　　图 5-22　【新建名称】对话框

03 显示名称：此时即可在编辑栏中显示 C3:C9 单元格区域的名称"第一季度打分"，如图 5-23 所示。

04 定义其他名称：使用相同的方法，将 D3:D9、E3:E9、F3:F9 单元格区域分别定义名称为"第二季度打分""第三季度打分""第四季度打分"，如图 5-24 所示。

图 5-23　显示名称　　　　　　　　　图 5-24　定义其他名称

05 单击【名称管理器】按钮：在【公式】选项卡的【定义的名称】组中单击【名称管理器】按钮，如图 5-25 所示。

06 设置【名称管理器】对话框：打开【名称管理器】对话框，里面有刚才定义的名称，读者可以继续编辑这些名称，最后单击【关闭】按钮，如图 5-26 所示。

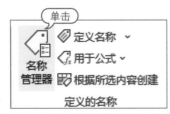

| 图 5-25　单击【名称管理器】按钮 | 图 5-26　【名称管理器】对话框 |

使用名称计算分数

定义单元格名称后，用户可以使用名称来代替单元格区域进行计算。

01 输入带名称的公式：选定 C10 单元格，在编辑栏中输入公式"=AVERAGE(第一季度打分)"，按 Ctrl+Enter 组合键，计算出第一季度的考核平均分，如图 5-27 所示。

02 继续输入公式：使用同样的方法，在 D10、E10、F10 单元格中输入公式，得出计算结果。在其他单元格中输入其他公式 (使用 SUM 和 AVERAGE 函数)，代入定义名称，得出计算结果，如图 5-28 所示。

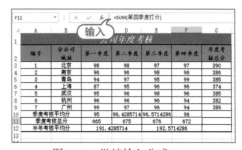

| 图 5-27　输入公式 | 图 5-28　继续输入公式 |

高手点拨

通常情况下，用户可以对多余的或未被使用过的名称进行删除。打开【名称管理器】对话框，选择要删除的名称，单击【删除】按钮，此时，系统会自动打开对话框，提示用户是否确定要删除该名称，单击【确定】按钮即可。

5.2 制作"工资表"

扫一扫 看视频

案例解析

　　工资表是企业财务部门按照各部门各个员工考核指标来发放工资的表格。涉及奖金或扣款等都可以使用公式和函数进行计算。本案例将应用公式和函数计算表格数据，制作各部门员工的工资表。其图示和制作流程图分别如图 5-29 和图 5-30 所示。

图示：

图 5-29　"工资表"图示

制作流程图：

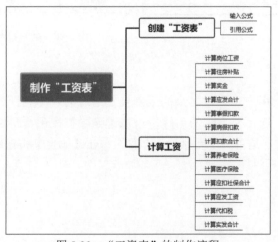

图 5-30　"工资表"的制作流程

5.2.1　创建"工资表"

若要创建"工资表"，首先需要输入基本数据。为了输入方便并防止出错，需要对特定数据设置数据验证。

设置数据验证

数据验证主要用来限制单元格中输入数据的类型和范围，以防止读者输入无效的数据。在【数据验证】对话框中可以进行数据验证的相关设置。

01 输入工资项目：启动 Excel 2021，新建名为"工资表"的工作簿，然后在A1:V1 单元格区域内输入以下工资项目：【员工编号】【姓名】【部门】【性别】【员工类别】【基本工资】【岗位工资】【住房补贴】【奖金】【应发合计】【事假天数】【事假扣款】【病假天数】【病假扣款】【其他扣款】【扣款合计】【养老保险】【医疗保险】【应扣社保合计】【应发工资】【代扣税】【实发合计】，如图 5-31 所示。

图 5-31　输入工资项目

02 设置数据验证：为了输入方便并防止出错，可对【部门】列、【性别】列、【员工类别】列设置有效性控制。以【部门】列为例，将光标移到 C2 单元格，在【数据】选项卡的【数据工具】组中单击【数据验证】按钮，打开【数据验证】对话框，在【允许】下拉列表中选择【序列】选项，在【来源】文本框中输入本企业的所有部门"行政,销售"，最后单击【确定】按钮，如图 5-32 所示。

03 引用数据验证：设置完毕后返回工作表，用户可以在 C2 单元格的下拉列表中选择要输入的内容，确认无误后，引用 C2 单元格的数据验证到 C 列的其他单元格，如图 5-33 所示。

图 5-32　【数据验证】对话框

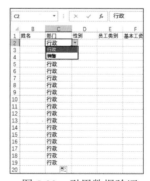

图 5-33　引用数据验证

04 设置其他列的数据验证：使用相同的方法设置【性别】【员工类别】列的数据验证，分别是性别分为"男，女"，员工类别分为"公司管理，行政人员，销售管理，销售人员"，如图 5-34 和图 5-35 所示。

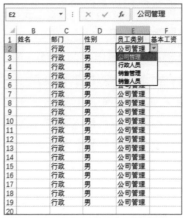

图 5-34　【性别】列数据验证　　　　　图 5-35　【员工类别】列数据验证

输入其余数据

接下来可以继续输入员工编号等其余的表格数据，对于设置了数据验证的列，可以选择相关项目以输入数据。

01 填充员工编号：先在 A2 单元格中输入第一个员工编号"SX001"，然后向下拖动鼠标自动填充其他员工编号，如图 5-36 所示。

02 输入其他信息：下面依次输入【姓名】【部门】【性别】【员工类别】【基本工资】【事假天数】【病假天数】各项信息，其他项目的信息不必输入，输入完成后的表格如图 5-37 所示。

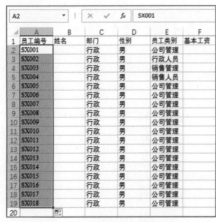
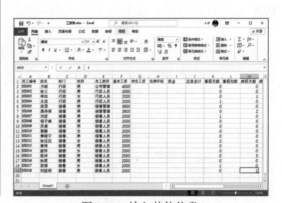

图 5-36　填充员工编号　　　　　　　图 5-37　输入其他信息

5.2.2　计算工资

在"工资表"中，岗位工资、社保及各种奖惩扣款等金额数据都可以用公式和函数进行计算，既方便又不容易出错。

计算岗位工资

下面计算岗位工资，根据公司规定各职位的岗位工资为：【公司管理】1500、【行政人员】800、【销售管理】1500、【销售人员】1000。

01 输入嵌套函数：选定 G2 单元，输入嵌套的 IF 函数 "=IF(E2=" 行政人员 ",800,IF(E2=" 销售人员 ",1000,1500))"，按 Enter 键即可计算出对应员工的岗位工资，如图 5-38 所示。

02 引用公式计算岗位工资：相对引用 G2 单元格中的公式，计算所有员工的岗位工资，如图 5-39 所示。

图 5-38　输入嵌套函数

图 5-39　引用公式

计算住房补贴

下面计算住房补贴，根据公司规定各职位的住房补贴为：【公司管理】600、【行政人员】300、【销售管理】600、【销售人员】300。

01 输入函数：选定 H2 单元，输入函数 "=IF(E2=" 行政人员 ",300,IF(E2=" 销售人员 ",300,600))"，按 Enter 键即可计算出对应员工的住房补贴，如图 5-40 所示。

02 引用公式计算住房补贴：相对引用 H2 单元格中的公式，计算所有员工的住房补贴，如图 5-41 所示。

图 5-40　输入函数

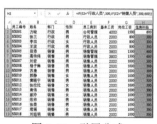

图 5-41　引用公式

③ 计算奖金

下面计算奖金，行政部门员工的奖金都为500；销售部门员工的奖金为完成30万销售额奖金为500，超额完成部分提成1%，没有完成30万销售额的销售部员工没有奖金。

01 新建“销售统计”工作表：首先将“Sheet1”工作表重命名为“工资表”，然后新建一个名为“销售统计”的工作表，并在其中输入当月销售情况，如图5-42所示。

02 输入行政部门员工的奖金：在“工资表”工作表内为行政部门的员工输入奖金金额500，如图5-43所示。

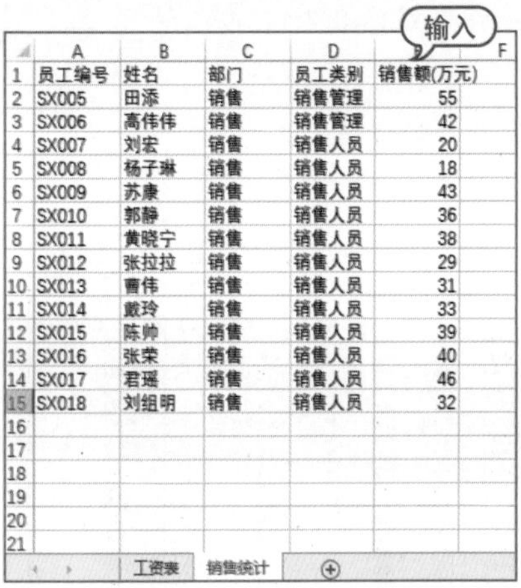

	A	B	C	D	E	F
1	员工编号	姓名	部门	员工类别	销售额(万元)	
2	SX005	田添	销售	销售管理	55	
3	SX006	高伟伟	销售	销售管理	42	
4	SX007	刘宏	销售	销售人员	20	
5	SX008	杨子琳	销售	销售人员	18	
6	SX009	苏康	销售	销售人员	43	
7	SX010	郭静	销售	销售人员	36	
8	SX011	黄晓宁	销售	销售人员	38	
9	SX012	张拉拉	销售	销售人员	29	
10	SX013	曹伟	销售	销售人员	31	
11	SX014	戴玲	销售	销售人员	33	
12	SX015	陈帅	销售	销售人员	39	
13	SX016	张荣	销售	销售人员	40	
14	SX017	君瑶	销售	销售人员	46	
15	SX018	刘组明	销售	销售人员	32	

图5-42　新建工作表

	C	D	E	F	G	H	I
1	部门	性别	员工类别	基本工资	岗位工资	住房补贴	奖金
2	行政	男	公司管理	4000	1500	600	500
3	行政	男	行政人员	2000	800	300	500
4	行政	女	行政人员	2000	800	300	500
5	行政	男	行政人员	2000	800	300	500
6	销售	男	销售管理	3800	1500	600	
7	销售	男	销售管理	3800	1500	600	
8	销售	男	销售人员	2000	1000	300	
9	销售	男	销售人员	2000	1000	300	
10	销售	男	销售人员	2000	1000	300	
11	销售	女	销售人员	2000	1000	300	
12	销售	男	销售人员	2000	1000	300	
13	销售	女	销售人员	2000	1000	300	
14	销售	男	销售人员	2000	1000	300	
15	销售	女	销售人员	2000	1000	300	
16	销售	男	销售人员	2000	1000	300	
17	销售	男	销售人员	2000	1000	300	
18	销售	女	销售人员	2000	1000	300	
19	销售	男	销售人员	2000	1000	300	

图5-43　输入行政部门员工的奖金

03 输入公式计算销售部门员工的奖金：下面计算销售部员工的奖金，选定I6单元格，在其中输入公式“=IF(AND(C6="销售",销售统计!E2>=30)，500+100*(销售统计!E2-30),0)”，按Enter键即可计算出该员工应获得的奖金，如图5-44所示。

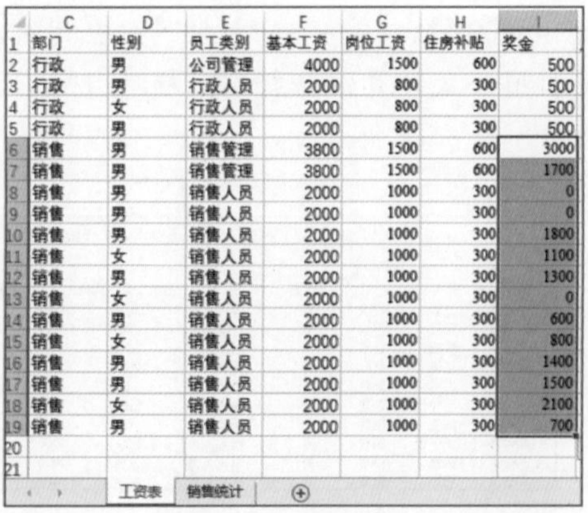

04 引用公式：相对引用I6单元格中的公式，快速计算出所有销售部员工应获得的奖金，如图5-45所示。

	C	D	E	F	G	H	I	J	K
1	部门	性别	员工类别	基本工资	岗位工资	住房补贴	奖金	应发合计	事假天数
2	行政	男	公司管理	4000	1500	600	500		0
3	行政	男	行政人员	2000	800	300	500		0
4	行政	女	行政人员	2000	800	300	500		0
5	行政	男	行政人员	2000	800	300	500		1
6	销售	男	销售管理	3800	1500	600	3000		0
7	销售	男	销售管理	3800	1500	600			0
8	销售	男	销售人员	2000	1000	300			1
9	销售	男	销售人员	2000	1000	300			0
10	销售	男	销售人员	2000	1000	300			0
11	销售	女	销售人员	2000	1000	300			0
12	销售	男	销售人员	2000	1000	300			0
13	销售	女	销售人员	2000	1000	300			2
14	销售	男	销售人员	2000	1000	300			0
15	销售	女	销售人员	2000	1000	300			0
16	销售	男	销售人员	2000	1000	300			0
17	销售	男	销售人员	2000	1000	300			0
18	销售	女	销售人员	2000	1000	300			1
19	销售	男	销售人员	2000	1000	300			0

图5-44　输入公式

	C	D	E	F	G	H	I
1	部门	性别	员工类别	基本工资	岗位工资	住房补贴	奖金
2	行政	男	公司管理	4000	1500	600	500
3	行政	男	行政人员	2000	800	300	500
4	行政	女	行政人员	2000	800	300	500
5	行政	男	行政人员	2000	800	300	500
6	销售	男	销售管理	3800	1500	600	3000
7	销售	男	销售管理	3800	1500	600	1700
8	销售	男	销售人员	2000	1000	300	0
9	销售	男	销售人员	2000	1000	300	0
10	销售	男	销售人员	2000	1000	300	1800
11	销售	女	销售人员	2000	1000	300	1100
12	销售	男	销售人员	2000	1000	300	1300
13	销售	女	销售人员	2000	1000	300	0
14	销售	男	销售人员	2000	1000	300	600
15	销售	女	销售人员	2000	1000	300	800
16	销售	男	销售人员	2000	1000	300	1400
17	销售	男	销售人员	2000	1000	300	1500
18	销售	女	销售人员	2000	1000	300	2100
19	销售	男	销售人员	2000	1000	300	700

图5-45　引用公式计算销售部员工的奖金

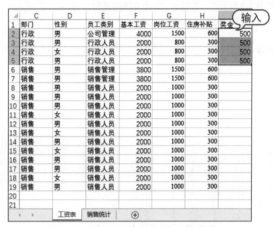

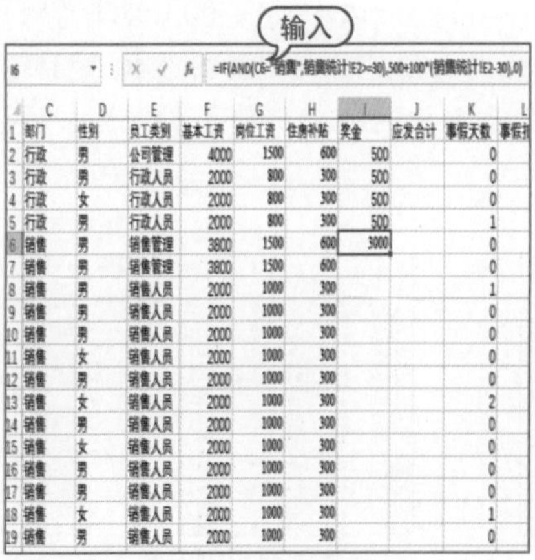

4 计算应发合计

下面使用求和函数计算【应发合计】的金额。

01 输入求和函数：在“工资表”工作表的 J2 单元格中输入求和函数“=SUM(F2:I2)”，按 Enter 键即可计算出该员工应发工资的合计金额，如图 5-46 所示。

02 引用公式：相对引用 J2 单元格中的公式，快速计算出所有员工的应发工资金额，如图 5-47 所示。

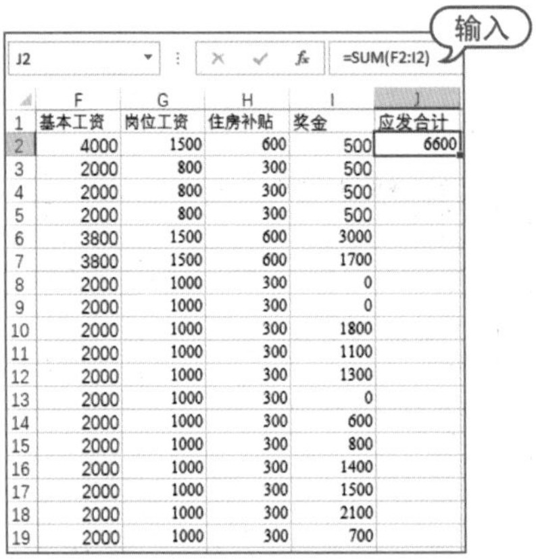

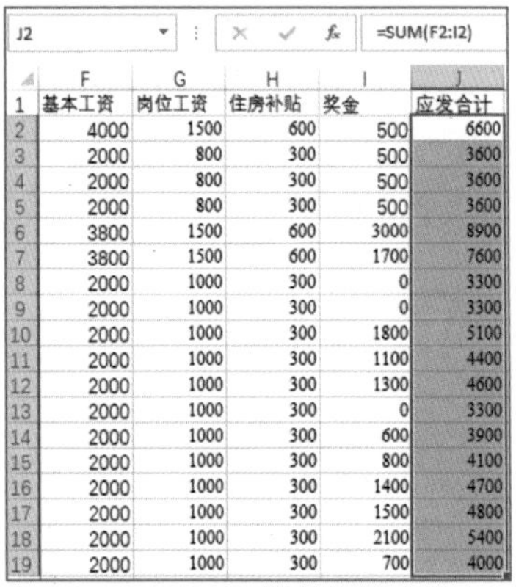

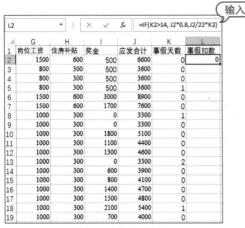

	F	G	H	I	J
1	基本工资	岗位工资	住房补贴	奖金	应发合计
2	4000	1500	600	500	6600
3	2000	800	300	500	
4	2000	800	300	500	
5	2000	800	300	500	
6	3800	1500	600	3000	
7	3800	1500	600	1700	
8	2000	1000	300	0	
9	2000	1000	300	0	
10	2000	1000	300	1800	
11	2000	1000	300	1100	
12	2000	1000	300	1300	
13	2000	1000	300	0	
14	2000	1000	300	600	
15	2000	1000	300	800	
16	2000	1000	300	1400	
17	2000	1000	300	1500	
18	2000	1000	300	2100	
19	2000	1000	300	700	

图 5-46 输入公式

	F	G	H	I	J
1	基本工资	岗位工资	住房补贴	奖金	应发合计
2	4000	1500	600	500	6600
3	2000	800	300	500	3600
4	2000	800	300	500	3600
5	2000	800	300	500	3600
6	3800	1500	600	3000	8900
7	3800	1500	600	1700	7600
8	2000	1000	300	0	3300
9	2000	1000	300	0	3300
10	2000	1000	300	1800	5100
11	2000	1000	300	1100	4400
12	2000	1000	300	1300	4600
13	2000	1000	300	0	3300
14	2000	1000	300	600	3900
15	2000	1000	300	800	4100
16	2000	1000	300	1400	4700
17	2000	1000	300	1500	4800
18	2000	1000	300	2100	5400
19	2000	1000	300	700	4000

图 5-47 引用公式

5 计算事假扣款

下面计算事假扣款，公司规定事假超过 14 天，扣除应发工资的 80%；不到 14 天以及包括 14 天，则扣除应发工资除以 22 天再乘以事假天数。

01 输入公式：在“工资表”工作表的 L2 单元格中，输入【事假扣款】的计算公式“=IF(K2>14,J2*0.8,J2/22*K2)”，按 Enter 键即可计算出该员工的事假扣款金额，如图 5-48 所示。

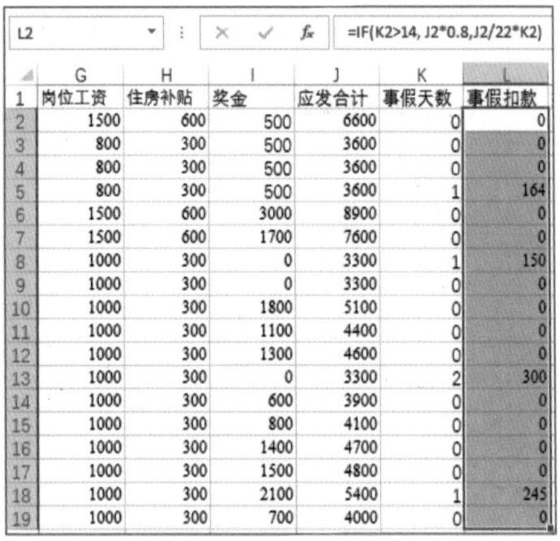

02 引用公式：相对引用 L2 单元格中的公式，快速计算出所有员工的事假扣款金额，如图 5-49 所示。

	G	H	I	J	K	L
1	岗位工资	住房补贴	奖金	应发合计	事假天数	事假扣款
2	1500	600	500	6600	0	0
3	800	300	500	3600	0	
4	800	300	500	3600	0	
5	800	300	500	3600	1	
6	1500	600	3000	8900	0	
7	1500	600	1700	7600	0	
8	1000	300	0	3300	1	
9	1000	300	0	3300	0	
10	1000	300	1800	5100	0	
11	1000	300	1100	4400	0	
12	1000	300	1300	4600	0	
13	1000	300	0	3300	2	
14	1000	300	600	3900	0	
15	1000	300	800	4100	0	
16	1000	300	1400	4700	0	
17	1000	300	1500	4800	0	
18	1000	300	2100	5400	1	
19	1000	300	700	4000	0	

图 5-48 输入公式

	G	H	I	J	K	L
1	岗位工资	住房补贴	奖金	应发合计	事假天数	事假扣款
2	1500	600	500	6600	0	0
3	800	300	500	3600	0	0
4	800	300	500	3600	0	0
5	800	300	500	3600	1	164
6	1500	600	3000	8900	0	0
7	1500	600	1700	7600	0	0
8	1000	300	0	3300	1	150
9	1000	300	0	3300	0	0
10	1000	300	1800	5100	0	0
11	1000	300	1100	4400	0	0
12	1000	300	1300	4600	0	0
13	1000	300	0	3300	2	300
14	1000	300	600	3900	0	0
15	1000	300	800	4100	0	0
16	1000	300	1400	4700	0	0
17	1000	300	1500	4800	0	0
18	1000	300	2100	5400	1	245
19	1000	300	700	4000	0	0

图 5-49 引用公式

6 计算病假扣款

下面计算病假扣款，设定该公司规定病假扣款规则为应发工资除以 22 天再乘以病假天数。

01 输入公式：在“工资表”工作表中选择 N2 单元格，输入【病假扣款】的计算公式“=J2/22*M2”，按 Enter 键即可计算出该员工的病假扣款金额，如图 5-50 所示。

02 引用公式：相对引用 N2 单元格中的公式，快速计算出所有员工的病假扣款金额，如图 5-51 所示。

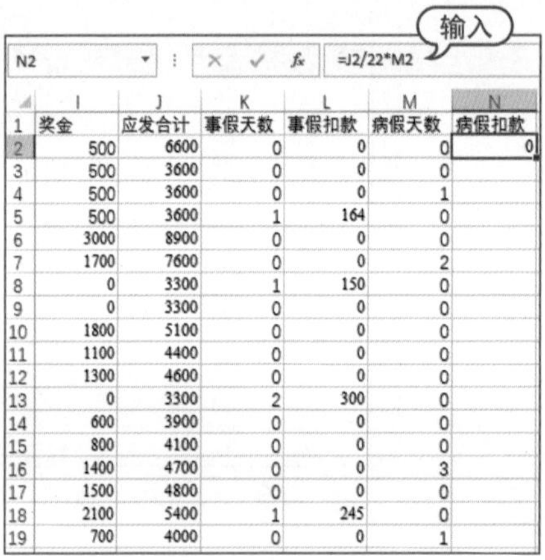

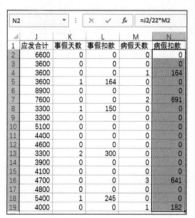

	I	J	K	L	M	N
1	奖金	应发合计	事假天数	事假扣款	病假天数	病假扣款
2	500	6600	0	0	0	0
3	500	3600	0	0	0	
4	500	3600	0	0	1	
5	500	3600	1	164	0	
6	3000	8900	0	0	0	
7	1700	7600	0	0	2	
8	0	3300	1	150	0	
9	0	3300	0	0	0	
10	1800	5100	0	0	0	
11	1100	4400	0	0	0	
12	1300	4600	0	0	0	
13	0	3300	2	300	0	
14	600	3900	0	0	0	
15	800	4100	0	0	0	
16	1400	4700	0	0	3	
17	1500	4800	0	0	0	
18	2100	5400	1	245	0	
19	700	4000	0	0	1	

图 5-50 输入公式

	J	K	L	M	N
1	应发合计	事假天数	事假扣款	病假天数	病假扣款
2	6600	0	0	0	0
3	3600	0	0	0	0
4	3600	0	0	1	164
5	3600	1	164	0	0
6	8900	0	0	0	0
7	7600	0	0	2	691
8	3300	1	150	0	0
9	3300	0	0	0	0
10	5100	0	0	0	0
11	4400	0	0	0	0
12	4600	0	0	0	0
13	3300	2	300	0	0
14	3900	0	0	0	0
15	4100	0	0	0	0
16	4700	0	0	3	641
17	4800	0	0	0	0
18	5400	1	245	0	0
19	4000	0	0	1	182

图 5-51 引用公式

7 计算扣款合计

下面计算【扣款合计】，【扣款合计】的金额为【事假扣款】【病假扣款】与【其他扣款】的金额总和。

01 输入公式：在“工资表”工作表中选择 P2 单元格，输入【扣款合计】的计算公式“=L2+N2+O2”，按 Enter 键即可计算出该员工的扣款合计，如图 5-52 所示。

02 引用公式：相对引用 P2 单元格中的公式，计算出所有员工的扣款合计，如图 5-53 所示。

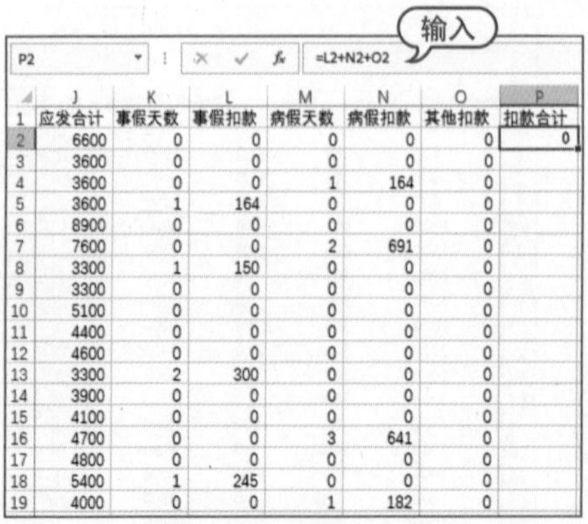

	J	K	L	M	N	O	P
1	应发合计	事假天数	事假扣款	病假天数	病假扣款	其他扣款	扣款合计
2	6600	0	0	0	0	0	0
3	3600	0	0	0	0	0	
4	3600	0	0	1	164	0	
5	3600	1	164	0	0	0	
6	8900	0	0	0	0	0	
7	7600	0	0	2	691	0	
8	3300	1	150	0	0	0	
9	3300	0	0	0	0	0	
10	5100	0	0	0	0	0	
11	4400	0	0	0	0	0	
12	4600	0	0	0	0	0	
13	3300	2	300	0	0	0	
14	3900	0	0	0	0	0	
15	4100	0	0	0	0	0	
16	4700	0	0	3	641	0	
17	4800	0	0	0	0	0	
18	5400	1	245	0	0	0	
19	4000	0	0	1	182	0	

图 5-52 输入公式

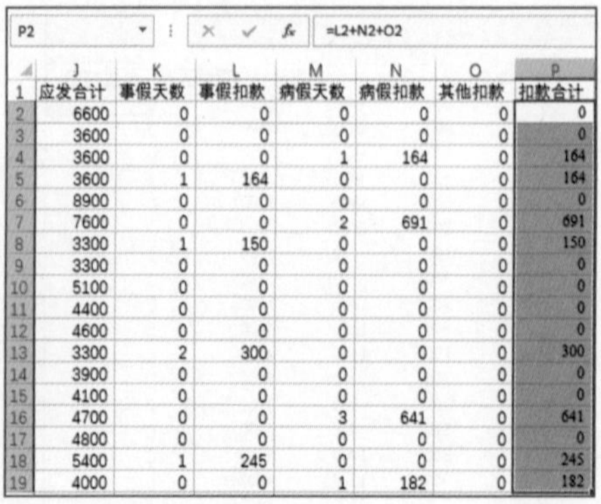

	J	K	L	M	N	O	P
1	应发合计	事假天数	事假扣款	病假天数	病假扣款	其他扣款	扣款合计
2	6600	0	0	0	0	0	0
3	3600	0	0	0	0	0	0
4	3600	0	0	1	164	0	164
5	3600	1	164	0	0	0	164
6	8900	0	0	0	0	0	0
7	7600	0	0	2	691	0	691
8	3300	1	150	0	0	0	150
9	3300	0	0	0	0	0	0
10	5100	0	0	0	0	0	0
11	4400	0	0	0	0	0	0
12	4600	0	0	0	0	0	0
13	3300	2	300	0	0	0	300
14	3900	0	0	0	0	0	0
15	4100	0	0	0	0	0	0
16	4700	0	0	3	641	0	641
17	4800	0	0	0	0	0	0
18	5400	1	245	0	0	0	245
19	4000	0	0	1	182	0	182

图 5-53 引用公式

⑧ 计算养老保险

下面计算【养老保险】，规定【养老保险】按基本工资 + 岗位工资总数的 8% 扣除。

01 输入公式：在“工资表”工作表中选择 Q2 单元格，输入【养老保险】的计算公式“=(F2+G2)*0.08”，按 Enter 键即可计算出该员工应扣除的养老保险金额，如图 5-54 所示。

02 引用公式：相对引用 Q2 单元格中的公式，快速计算出所有员工的养老保险扣款金额，如图 5-55 所示。

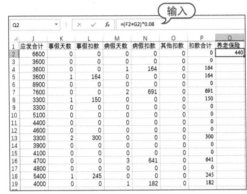

	J	K	L	M	N	O	P	Q
1	应发合计	事假天数	事假扣款	病假天数	病假扣款	其他扣款	扣款合计	养老保险
2	6600	0	0	0	0	0	0	440
3	3600	0	0	0	0	0	0	
4	3600	0	0	1	164	0	164	
5	3600	1	164	0	0	0	164	
6	8900	0	0	0	0	0	0	
7	7600	0	0	2	691	0	691	
8	3300	1	150	0	0	0	150	
9	3300	0	0	0	0	0	0	
10	5100	0	0	0	0	0	0	
11	4400	0	0	0	0	0	0	
12	4600	0	0	0	0	0	0	
13	3300	2	300	0	0	0	300	
14	3900	0	0	0	0	0	0	
15	4100	0	0	0	0	0	0	
16	4700	0	0	3	641	0	641	
17	4800	0	0	0	0	0	0	
18	5400	1	245	0	0	0	245	
19	4000	0	0	1	182	0	182	

图 5-54 输入公式

	L	M	N	O	P	Q
1	事假扣款	病假天数	病假扣款	其他扣款	扣款合计	养老保险
2	0	0	0	0	0	440
3	0	0	0	0	0	224
4	0	1	164	0	164	224
5	164	0	0	0	164	224
6	0	0	0	0	0	424
7	0	2	691	0	691	424
8	150	0	0	0	150	240
9	0	0	0	0	0	240
10	0	0	0	0	0	240
11	0	0	0	0	0	240
12	0	0	0	0	0	240
13	300	0	0	0	300	240
14	0	0	0	0	0	240
15	0	0	0	0	0	240
16	0	3	641	0	641	240
17	0	0	0	0	0	240
18	245	0	0	0	245	240
19	0	1	182	0	182	240

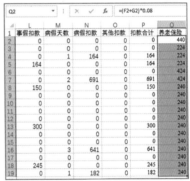

图 5-55 引用公式

⑨ 计算医疗保险

下面计算【医疗保险】，规定【医疗保险】是按基本工资 + 岗位工资总数的 2% 扣除。

01 输入公式：在“工资表”工作表中选择 R2 单元格，输入【养老保险】的计算公式“=(F2+G2)*0.02”，按 Enter 键即可计算出该员工应扣除的医疗保险金额，如图 5-56 所示。

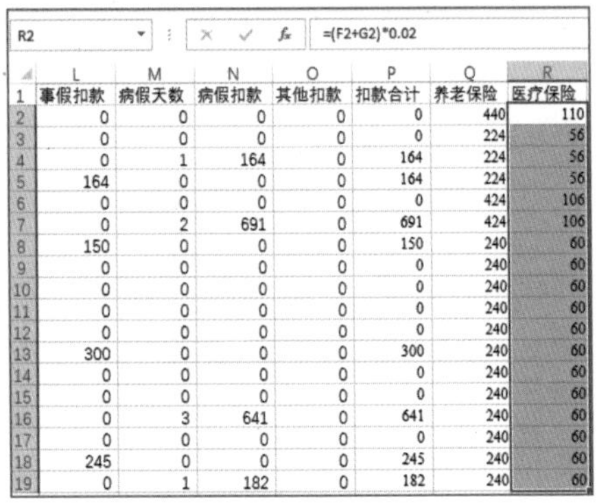

02 引用公式：相对引用 R2 单元格中的公式，快速计算出所有员工的医疗保险扣款金额，如图 5-57 所示。

	L	M	N	O	P	Q	R
1	事假扣款	病假天数	病假扣款	其他扣款	扣款合计	养老保险	医疗保险
2	0	0	0	0	0	440	110
3	0	0	0	0	0	224	
4	0	1	164	0	164	224	
5	164	0	0	0	164	224	
6	0	0	0	0	0	424	
7	0	2	691	0	691	424	
8	150	0	0	0	150	240	
9	0	0	0	0	0	240	
10	0	0	0	0	0	240	
11	0	0	0	0	0	240	
12	0	0	0	0	0	240	
13	300	0	0	0	300	240	
14	0	0	0	0	0	240	
15	0	0	0	0	0	240	
16	0	3	641	0	641	240	
17	0	0	0	0	0	240	
18	245	0	0	0	245	240	
19	0	1	182	0	182	240	

图 5-56 输入公式

	L	M	N	O	P	Q	R
1	事假扣款	病假天数	病假扣款	其他扣款	扣款合计	养老保险	医疗保险
2	0	0	0	0	0	440	110
3	0	0	0	0	0	224	56
4	0	1	164	0	164	224	56
5	164	0	0	0	164	224	56
6	0	0	0	0	0	424	106
7	0	2	691	0	691	424	106
8	150	0	0	0	150	240	60
9	0	0	0	0	0	240	60
10	0	0	0	0	0	240	60
11	0	0	0	0	0	240	60
12	0	0	0	0	0	240	60
13	300	0	0	0	300	240	60
14	0	0	0	0	0	240	60
15	0	0	0	0	0	240	60
16	0	3	641	0	641	240	60
17	0	0	0	0	0	240	60
18	245	0	0	0	245	240	60
19	0	1	182	0	182	240	60

图 5-57 引用公式

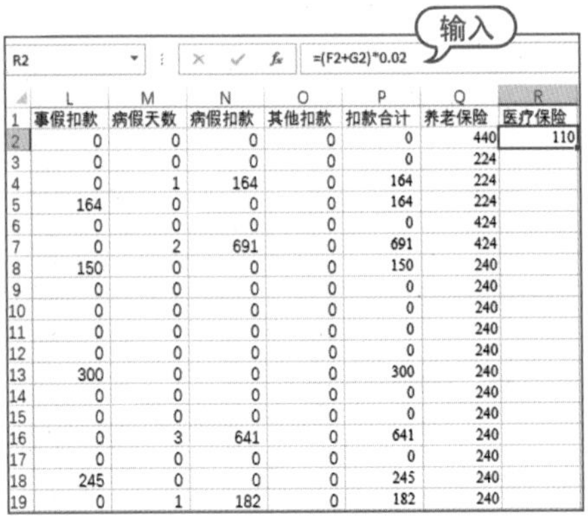

⑩ 计算应扣社保合计

下面计算【应扣社保合计】，【应扣社保合计】是【养老保险】与【医疗保险】的总和。

01 输入公式：在“工资表”工作表中选择 S2 单元格，输入【应扣社保合计】的计算公式“=Q2+R2”，按 Enter 键即可计算出该员工应扣社保的总金额，如图 5-58 所示。

02 引用公式：相对引用 S2 单元格中的公式，快速计算出所有员工的应扣社保的总金额，如图 5-59 所示。

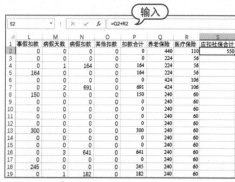

	L	M	N	O	P	Q	R	S
1	事假扣款	病假天数	病假扣款	其他扣款	扣款合计	养老保险	医疗保险	应扣社保合计
2	0	0	0	0	0	440	110	550
3	0	0	0	0	0	224	56	
4	0	1	164	0	164	224	56	
5	164	0	0	0	164	224	56	
6	0	0	0	0	0	424	106	
7	0	2	691	0	691	424	106	
8	150	0	0	0	150	240	60	
9	0	0	0	0	0	240	60	
10	0	0	0	0	0	240	60	
11	0	0	0	0	0	240	60	
12	0	0	0	0	0	240	60	
13	300	0	0	0	300	240	60	
14	0	0	0	0	0	240	60	
15	0	0	0	0	0	240	60	
16	0	3	641	0	641	240	60	
17	0	0	0	0	0	240	60	
18	245	0	0	0	245	240	60	
19	0	1	182	0	182	240	60	

图 5-58　输入公式

	L	M	N	O	P	Q	R	S
1	事假扣款	病假天数	病假扣款	其他扣款	扣款合计	养老保险	医疗保险	应扣社保合计
2	0	0	0	0	0	440	110	550
3	0	0	0	0	0	224	56	280
4	0	1	164	0	164	224	56	280
5	164	0	0	0	164	224	56	280
6	0	0	0	0	0	424	106	530
7	0	2	691	0	691	424	106	530
8	150	0	0	0	150	240	60	300
9	0	0	0	0	0	240	60	300
10	0	0	0	0	0	240	60	300
11	0	0	0	0	0	240	60	300
12	0	0	0	0	0	240	60	300
13	300	0	0	0	300	240	60	300
14	0	0	0	0	0	240	60	300
15	0	0	0	0	0	240	60	300
16	0	3	641	0	641	240	60	300
17	0	0	0	0	0	240	60	300
18	245	0	0	0	245	240	60	300
19	0	1	182	0	182	240	60	300

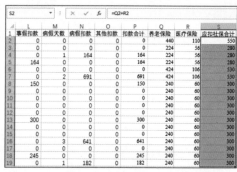

图 5-59　引用公式

⑪ 计算应发工资

下面计算【应发工资】，【应发工资】为【应发合计】与【扣款合计】和【应扣社保合计】的差额。

01 输入公式：在“工资表”工作表中选择 T2 单元格，输入【应发工资】的计算公式“=J2-P2-S2”，按 Enter 键即可计算出该员工应发工资的金额，如图 5-60 所示。

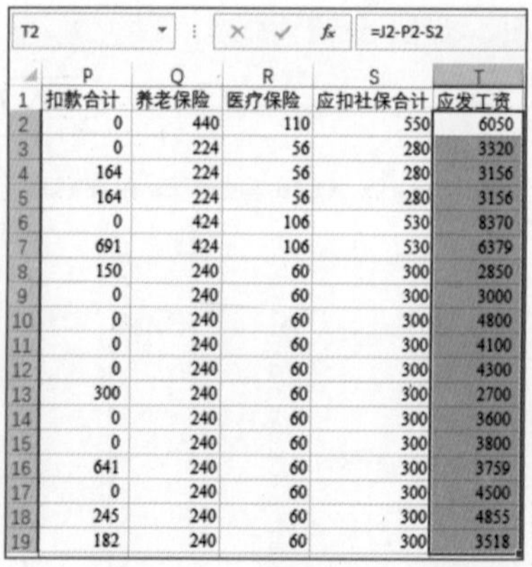

02 引用公式：相对引用 T2 单元格中的公式，快速计算出所有员工应发工资的金额，如图 5-61 所示。

	P	Q	R	S	T
1	扣款合计	养老保险	医疗保险	应扣社保合计	应发工资
2	0	440	110	550	6050
3	0	224	56	280	
4	164	224	56	280	
5	164	224	56	280	
6	0	424	106	530	
7	691	424	106	530	
8	150	240	60	300	
9	0	240	60	300	
10	0	240	60	300	
11	0	240	60	300	
12	0	240	60	300	
13	300	240	60	300	
14	0	240	60	300	
15	0	240	60	300	
16	641	240	60	300	
17	0	240	60	300	
18	245	240	60	300	
19	182	240	60	300	

图 5-60　输入公式

	P	Q	R	S	T
1	扣款合计	养老保险	医疗保险	应扣社保合计	应发工资
2	0	440	110	550	6050
3	0	224	56	280	3320
4	164	224	56	280	3156
5	164	224	56	280	3156
6	0	424	106	530	8370
7	691	424	106	530	6379
8	150	240	60	300	2850
9	0	240	60	300	3000
10	0	240	60	300	4800
11	0	240	60	300	4100
12	0	240	60	300	4300
13	300	240	60	300	2700
14	0	240	60	300	3600
15	0	240	60	300	3800
16	641	240	60	300	3759
17	0	240	60	300	4500
18	245	240	60	300	4855
19	182	240	60	300	3518

图 5-61　引用公式

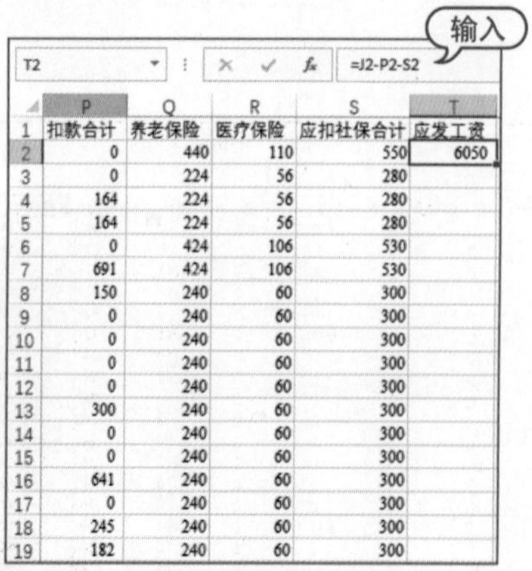

12 计算代扣税

下面计算【代扣税】，假设【代扣税】的计算规则为应发工资没超过 2000 的不扣税；应发工资在 2000~2500 的，代扣税为超出 2000 部分的 5%；应发工资在 2500~4000 的，代扣税为超出 2000 部分的 10% 再减去 25；应发工资在 4000~7000 的，代扣税为超出 2000 部分的 15% 再减去 125；应发工资在 7000~22000 的，代扣税为超出 2000 部分的 20% 再减去 375。

01 输入公式：在“工资表”工作表中选择 U2 单元格，在其中输入【代扣税】的计算公式“=IF(T2-2000<=0,0,IF(T2-2000<=500,(T2-2000)*0.05,IF(T2-2000<=2000,(T2-2000)*0.1-25,IF(T2-2000<=5000,(T2-2000)*0.15-125,IF(T2-2000<=20000,(T2-2000)*0.2-375,”复核应发工资”)))))”，按 Enter 键即可计算出该员工代扣税金额，如图 5-62 所示。

02 引用公式：相对引用 U2 单元格中的公式，快速计算出所有员工的代扣税金额，如图 5-63 所示。

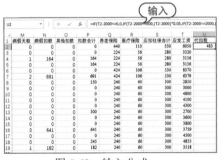

	M	N	O	P	Q	R	S	T	U
1	病假天数	病假扣款	其他扣款	扣款合计	养老保险	医疗保险	应扣社保合计	应发工资	代扣税
2	0	0	0	0	440	110	550	6050	483
3	0	0	0	0	224	56	280	3320	
4	1	164	0	164	224	56	280	3156	
5	0	0	0	164	224	56	280	3156	
6	0	0	0	0	424	106	530	8370	
7	2	691	0	691	424	106	530	6379	
8	0	0	0	150	240	60	300	2850	
9	0	0	0	0	240	60	300	3000	
10	0	0	0	0	240	60	300	4800	
11	0	0	0	0	240	60	300	4100	
12	0	0	0	0	240	60	300	4300	
13	0	0	0	300	240	60	300	2700	
14	0	0	0	0	240	60	300	3600	
15	0	0	0	0	240	60	300	3800	
16	3	641	0	641	240	60	300	3759	
17	0	0	0	0	240	60	300	4500	
18	0	0	0	245	240	60	300	4855	
19	1	182	0	182	240	60	300	3518	

图 5-62　输入公式

	O	P	Q	R	S	T	U
1	其他扣款	扣款合计	养老保险	医疗保险	应扣社保合计	应发工资	代扣税
2	0	0	440	110	550	6050	483
3	0	0	224	56	280	3320	107
4	0	164	224	56	280	3156	91
5	0	164	224	56	280	3156	91
6	0	0	424	106	530	8370	899
7	0	691	424	106	530	6379	532
8	0	150	240	60	300	2850	60
9	0	0	240	60	300	3000	75
10	0	0	240	60	300	4800	295
11	0	0	240	60	300	4100	190
12	0	0	240	60	300	4300	220
13	0	300	240	60	300	2700	45
14	0	0	240	60	300	3600	135
15	0	0	240	60	300	3800	155
16	0	641	240	60	300	3759	151
17	0	0	240	60	300	4500	250
18	0	245	240	60	300	4855	303
19	0	182	240	60	300	3518	127

图 5-63　引用公式

13 计算实发合计

下面计算【实发合计】，【实发合计】为【应发工资】减去【代扣税】的金额。

01 输入公式：在“工资表”工作表中选择 V2 单元格，输入【实发合计】的计算公式“=T2-U2”，按 Enter 键即可计算出该员工实发工资金额，如图 5-64 所示。

02 引用公式：相对引用 V2 单元格中的公式，快速计算出所有员工的实发工资金额，如图 5-65 所示。

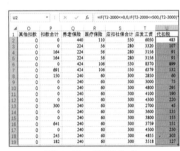

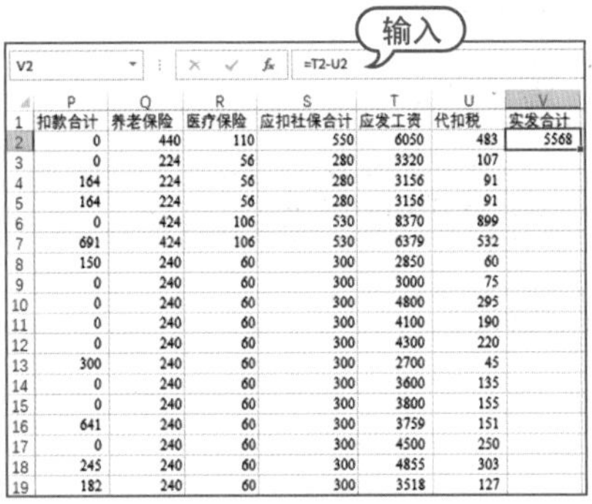

	P	Q	R	S	T	U	V
1	扣款合计	养老保险	医疗保险	应扣社保合计	应发工资	代扣税	实发合计
2	0	440	110	550	6050	483	5568
3	0	224	56	280	3320	107	
4	164	224	56	280	3156	91	
5	164	224	56	280	3156	91	
6	0	424	106	530	8370	899	
7	691	424	106	530	6379	532	
8	150	240	60	300	2850	60	
9	0	240	60	300	3000	75	
10	0	240	60	300	4800	295	
11	0	240	60	300	4100	190	
12	0	240	60	300	4300	220	
13	300	240	60	300	2700	45	
14	0	240	60	300	3600	135	
15	0	240	60	300	3800	155	
16	641	240	60	300	3759	151	
17	0	240	60	300	4500	250	
18	245	240	60	300	4855	303	
19	182	240	60	300	3518	127	

图 5-64　输入公式

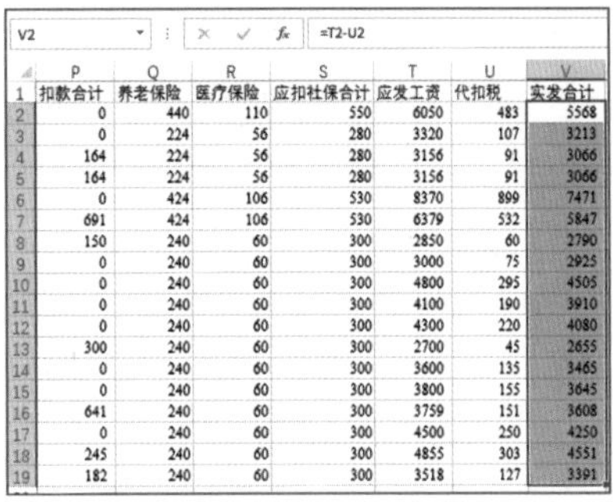

	P	Q	R	S	T	U	V
1	扣款合计	养老保险	医疗保险	应扣社保合计	应发工资	代扣税	实发合计
2	0	440	110	550	6050	483	5568
3	0	224	56	280	3320	107	3213
4	164	224	56	280	3156	91	3066
5	164	224	56	280	3156	91	3066
6	0	424	106	530	8370	899	7471
7	691	424	106	530	6379	532	5847
8	150	240	60	300	2850	60	2790
9	0	240	60	300	3000	75	2925
10	0	240	60	300	4800	295	4505
11	0	240	60	300	4100	190	3910
12	0	240	60	300	4300	220	4080
13	300	240	60	300	2700	45	2655
14	0	240	60	300	3600	135	3465
15	0	240	60	300	3800	155	3645
16	641	240	60	300	3759	151	3608
17	0	240	60	300	4500	250	4250
18	245	240	60	300	4855	303	4551
19	182	240	60	300	3518	127	3391

图 5-65　引用公式

5.3　通关练习

通过前面内容的学习，读者应该已经掌握在 Excel 中使用公式计算数据的方法。下面介绍制作"工资查询表"这个案例，用户可以通过练习巩固本章所学知识。

案例解析

　　工资查询表是由公司财务人员制作的，附着于工资表的查询表格，主要通过 Excel 2021 中的 VLOOKUP 函数进行工资查询。本节主要介绍关键步骤，其图示和制作流程图分别如图 5-66 和图 5-67 所示。

图示：

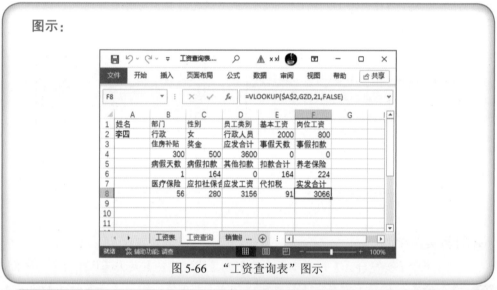

图 5-66　"工资查询表"图示

制作流程图：

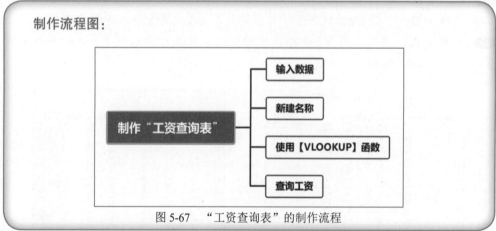

图 5-67　"工资查询表"的制作流程

关键步骤

01　输入数据：将 5.2 节制作的"工资表"工作簿改名为"工资查询表"，然后新建一个"工资查询"工作表，并在其中输入各项工资明细项目，输入完成后的效果如图 5-68 所示。

02　新建名称：为了便于函数设置，将"工资表"工作表中的 B2:V19 单元格区域命名为 GZD。首先在"工资表"工作表中，选择 B2:V19 单元格区域，然后在【公式】选项卡的【定义名称】组中单击【定义名称】按钮，打开【新建名称】对话框，在【名称】文本框中输入"GZD"，在【范围】下拉列表中选择【工作簿】选项，最后单击【确定】按钮，如图 5-69 所示。

图 5-68　输入数据

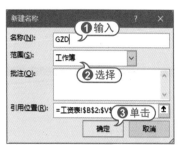

图 5-69　【新建名称】对话框

03　选择【VLOOKUP】命令：打开"工资查询"工作表并选择 B2 单元格，然后在【公式】选项卡的【函数库】组中单击【查找与引用】按钮，在弹出的菜单中选择【VLOOKUP】命令，如图 5-70 所示。

04　在【函数参数】对话框中进行设置：打开【函数参数】对话框，在【Lookup_value】文本框中输入"$A$2"；在 Table_array 文本框中输入"GZD"；在【Col_index_num】文本框中输入"2"；在【Range_lookup】文本框中输入"FALSE"，输入完成后单击【确定】按钮，如图 5-71 所示。

图 5-70　选择【VLOOKUP】命令

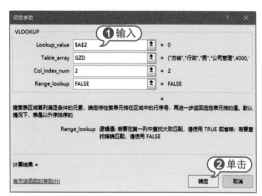

图 5-71　设置函数参数

05 复制函数：返回"工资查询"工作表，将 B2 单元格中的函数复制到 C2:F2、B4:F4、B6:F6 及 B8:F8 单元格区域，并根据该明细项目在 GZD 中的列数来修改【Col_index_num】参数，如图 5-72 所示。

06 查询工资：由于未在 A2 单元格中输入查询工资的员工名称，因此所有函数单元格显示数据不足符号 (#N/A)。下面在 A2 单元格中输入员工名称，例如这里输入"李四"，按 Enter 键后即可显示该员工的工资信息，如图 5-73 所示。

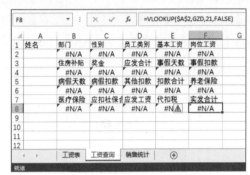

图 5-72　复制函数

图 5-73　查询工资

高手点拨

查找与引用函数用来在数据清单或表格中查找特定数值或查找某一个单元格的引用。系统内部的查找与引用函数包括 ADDRESS、AREAS、CHOOSE、COLUMN、COLUMNS、GETPIVOTDATA、HLOOKUP、HYPERLINK、INDEX、INDIRECT、LOOKUP、MATCH、OFFSET、ROW、ROWS、TRANSPOSE、VLOOKUP。

5.4　专家解疑

◆ 如何计算不同角度的弧度、正弦值、余弦值和正切值？

　　使用三角函数中的 RADIANS、SIN 等函数计算弧度、正弦值、余弦值和正切值。

01 先输入角度，然后选中 B3 单元格，打开【公式】选项卡，在【函数库】组中单击【插入函数】按钮，打开【插入函数】对话框。在【或选择类别】下拉列表中选择【数学与三角函数】选项，在【选择函数】列表框中选择【RADIANS】选项，单击【确定】按钮，如图 5-74 所示。

02 打开【函数参数】对话框后，在【Angle】文本框中输入 A3，单击【确定】按钮，如图 5-75 所示。此时，在 B3 单元格中将显示对应的弧度值。使用相对引用，将公式复制到 B4:B19 单元格区域中。

图 5-74　选择【RADIANS】函数

图 5-75　【函数参数】对话框

03 选中 C3 单元格，在编辑栏中输入公式"=SIN(B3)"，按 Ctrl+Enter 组合键，计算出对应的正弦值，如图 5-76 所示。使用相对引用，将公式复制到 C4:C19 单元格区域中。

04 分别在 D3、E3 单元格中输入 COS 函数和 TAN 函数，计算单元格中的余弦值和正切值，然后使用相对引用复制公式，计算其余的余弦值和正切值，如图 5-77 所示。

图 5-76　计算正弦值 　　　　　　　　图 5-77　计算余弦值和正切值

◈ 如何在计算完毕后，删除该单元格中的公式并保留计算结果？

使用复制公式中的【选择性粘贴】功能可以删除公式但保留计算结果。

01 右击 G4 单元格，在弹出的快捷菜单中选择【复制】命令，然后打开【开始】选项卡，在【剪贴板】组中单击【粘贴】下三角按钮，从弹出的菜单中选择【选择性粘贴】命令，如图 5-78 所示。

02 打开【选择性粘贴】对话框，在【粘贴】选项区域中选中【数值】单选按钮，单击【确定】按钮，如图 5-79 所示。

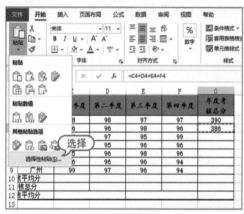

图 5-78　选择【选择性粘贴】命令 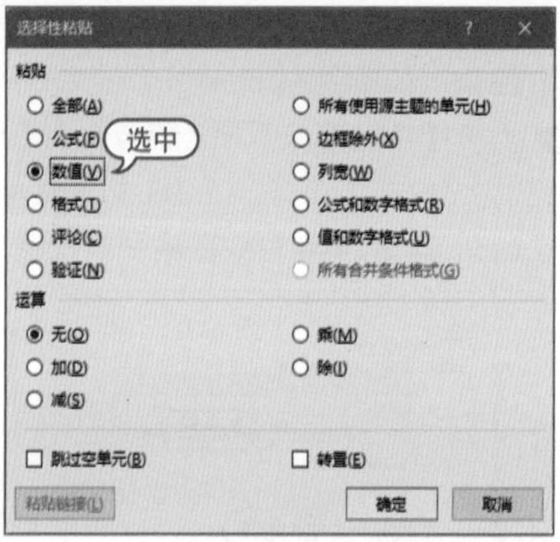　　　　图 5-79　选中【数值】单选按钮

03 此时即可删除 G4 单元格中的公式但保留计算结果，如图 5-80 所示。

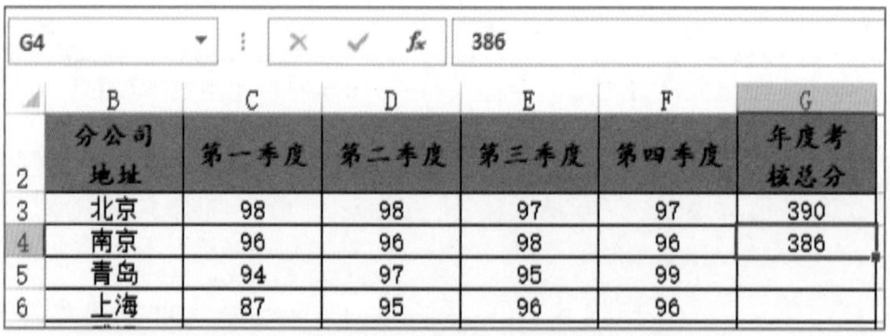

	B	C	D	E	F	G
2	分公司地址	第一季度	第二季度	第三季度	第四季度	年度考核总分
3	北京	98	98	97	97	390
4	南京	96	96	98	96	386
5	青岛	94	97	95	99	
6	上海	87	95	96	96	

G4　　　fx　386

图 5-80　删除公式并保留结果

第6章 在 Excel 表格中整理和分析数据

在 Excel 2021 中不仅可以输入和编辑数据，还可以根据需要对 Excel 中的数据进行管理与分析，将数据按照一定的规律进行排序、筛选、分类汇总等操作，帮助用户整理电子表格中的数据。本章以"工资表"为例，介绍在 Excel 表格中整理和分析数据的操作技巧。

本章要点：
- 排序表格数据
- 分类汇总表格数据
- 筛选表格数据
- 合并计算表格数据

文档展示：

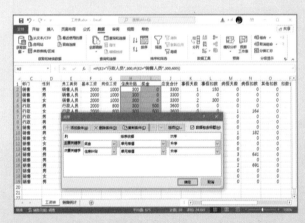

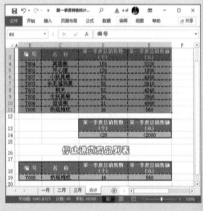

6.1 排序“工资表”

扫一扫 看视频

案例解析

排序“工资表”，需要根据实际需求进行。如按照某类金额的大小进行排序，这时就需要用到简单的排序操作。如果排序操作比较复杂，如先要按照金额的类型进行排序，再按照不同类型金额的大小进行排序，就需要用到 Excel 的自定义排序功能。其图示和制作流程图分别如图 6-1 和图 6-2 所示。

图示：

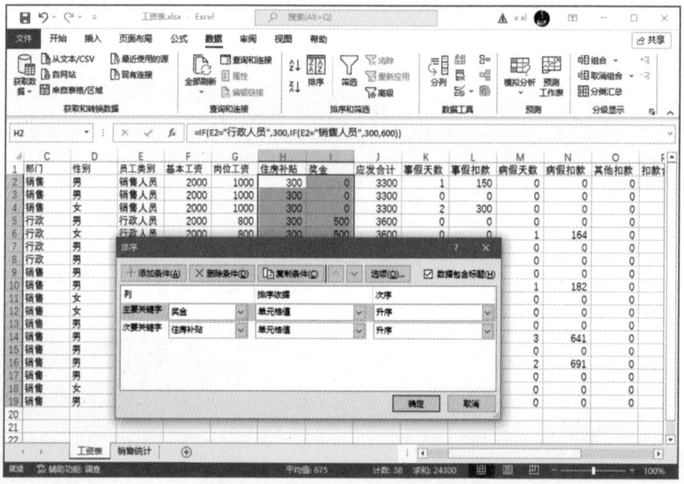

图 6-1　排序“工资表”图示

制作流程图：

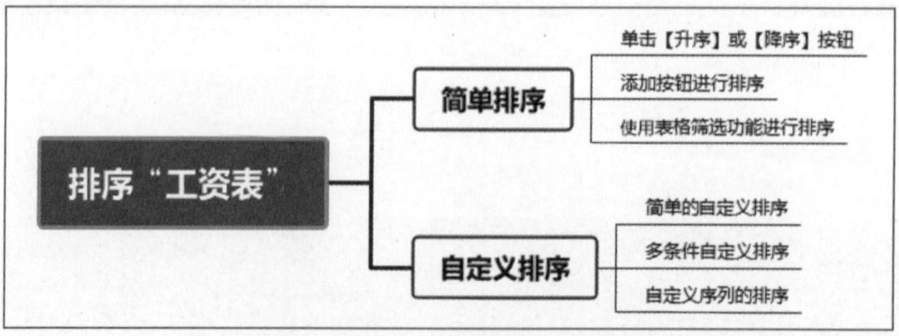

图 6-2　排序“工资表”的流程

6.1.1 简单排序

要对数据进行简单的排序，可以使用升序或降序功能，也可以为数据添加排序按钮。

① 单击【升序】或【降序】按钮

对 Excel 中的数据清单进行排序时，如果按照单列的内容进行简单排序，则可以打开【数据】选项卡，在【排序和筛选】组中单击【升序】按钮或【降序】按钮。这种排序方式属于单条件排序。

01 升序操作：启动 Excel 2021，打开"工资表"工作簿中的"工资表"工作表，选中 V 列，选择【数据】选项卡，在【排序和筛选】组中单击【升序】按钮↓↑，如图 6-3 所示。

02 扩展选定区域：打开【排序提醒】对话框，选中【扩展选定区域】单选按钮，然后单击【排序】按钮，如图 6-4 所示。

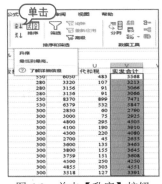

图 6-3　单击【升序】按钮

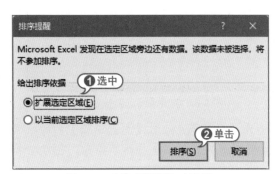

图 6-4　【排序提醒】对话框

03 查看排序结果：返回工作簿窗口，此时，在工作表中显示排序后的数据，即数据按照从低到高的顺序重新排列，如图 6-5 所示。如果需要对这列数据或其他列数据进行降序排序，单击【降序】按钮↑↓即可。

	P	Q	R	S	T	U	V
1	扣款合计	养老保险	医疗保险	应扣社保合计	应发工资	代扣税	实发合计
2	300	240	60	300	2700	45	2655
3	150	240	60	300	2850	60	2790
4	0	240	60	300	3000	75	2925
5	164	224	56	280	3156	91	3066
6	164	224	56	280	3156	91	3066
7	0	224	56	280	3320	107	3213
8	182	240	60	300	3518	127	3391
9	0	240	60	300	3600	135	3465
10	641	240	60	300	3759	151	3608
11	0	240	60	300	3800	155	3645
12	0	240	60	300	4100	190	3910
13	0	240	60	300	4300	220	4080
14	0	240	60	300	4500	250	4250
15	0	240	60	300	4800	295	4505
16	245	240	60	300	4855	303	4551
17	0	440	110	550	6050	483	5568
18	691	424	106	530	6379	532	5847
19	0	424	106	530	8370	899	7471
20							

图 6-5　查看排序结果

② 添加按钮进行排序

如果需要对 Excel 表中的数据进行多次排序，为了方便操作可以添加按钮，通过按钮菜单来快速操作。

01 单击【筛选】按钮：单击【开始】选项卡【排序和筛选】组中的【筛选】按钮，此时可以看到表格第一行出现按钮，如图 6-6 所示。

02 选择下拉菜单中的命令：单击【养老保险】单元格的按钮，选择下拉菜单中的【降序】命令，如图 6-7 所示。

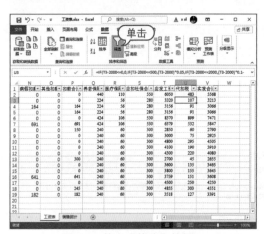

图 6-6　单击【筛选】按钮

图 6-7　选择下拉菜单中的命令

03 查看排序结果：此时【养老保险】列的数据就进行了降序排序，如图 6-8 所示。如果要对其他列的数据进行排序操作，也可以单击该列的按钮进行操作。

病假扣款	其他扣款	扣款合计	养老保险	医疗保险	应扣社保合计	应发工资	代扣税	实发合计
0	0	0	440	110	550	6050	483	5568
0	0	0	424	106	530	8370	899	7471
691	0	691	424	106	530	6379	532	5847
0	0	150	240	60	300	2850	60	2790
0	0	0	240	60	300	3000	75	2925
0	0	0	240	60	300	4800	295	4505
0	0	0	240	60	300	4100	190	3910
0	0	0	240	60	300	4300	220	4080
0	0	300	240	60	300	2700	45	2655
0	0	0	240	60	300	3600	135	3465
0	0	0	240	60	300	3800	155	3645
641	0	641	240	60	300	3759	151	3608
0	0	0	240	60	300	4500	250	4250
0	0	245	240	60	300	4855	303	4551
182	0	182	240	60	300	3518	127	3391
0	0	0	224	56	280	3320	107	3213
164	0	164	224	56	280	3156	91	3066
0	0	164	224	56	280	3156	91	3066

图 6-8　查看排序结果

使用表格筛选功能进行排序

在表格对象中可以启动筛选功能，此时利用列标题下拉菜单中的排序命令可快速对表格数据进行排序。

01 单击【表格】按钮：单击【插入】选项卡的【表格】按钮，如图 6-9 所示。

02 设定表格区域：打开【创建表】对话框，设定表格数据区域，这里将 Excel 表格中所有的数据都设定为需要排序的区域，单击【确定】按钮，如图 6-10 所示。

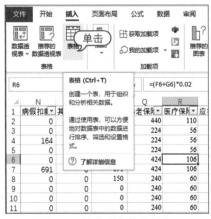

图 6-9　单击【表格】按钮

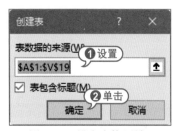

图 6-10　设定表格区域

03 排序操作：此时表格对象添加了自动筛选功能，单击表格中数据列的 ▼ 按钮，选择下拉菜单中的【降序】命令，即可实现数据列的排序操作，如图 6-11 所示。

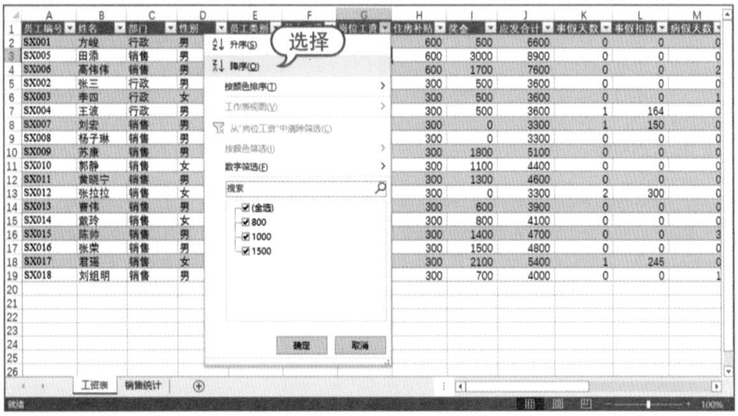

图 6-11　选择降序排列

✏ 高手点拨

在按升序排序时，Excel 2021 自动按如下顺序进行排列：数值从最小的负数到最大的正数顺序排列；逻辑值 FALSE 在前，TRUE 在后；空格排在最后。按降序排列时，则与上面顺序相反。

6.1.2 自定义排序

Excel 表格数据排序除了简单的升序、降序排序外，还涉及更为复杂的排序。例如，需要对员工的【奖金】进行排序，当【奖金】相同时，再按照【住房补贴】金额的大小进行排序。又如排序的方式不是按数据的大小，而是按照没有明显数据关系的字段，如部门名称进行排序。上述这类操作都需要用到 Excel 的自定义排序功能。

简单的自定义排序

简单的自定义排序只需要打开【排序】对话框，设置其中的排序条件即可。

01 设置【排序】对话框：在【数据】选项卡下单击【排序】按钮，打开【排序】对话框，设置一个排序条件，单击【确定】按钮，如图 6-12 所示。

02 查看排序结果：此时【奖金】列数据就按升序排序了，如图 6-13 所示。

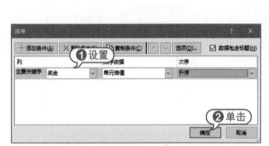

图 6-12　设置单一排序条件

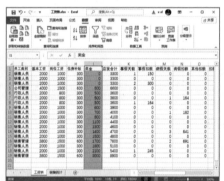

图 6-13　查看排序结果

多条件自定义排序

只使用一个排序条件排序后，表格中的数据可能仍然没有达到用户的排序要求。此时用户可以设置多个排序条件，这样当排序值相等时，可以参考第二个排序条件进行排序。

01 单击【添加条件】按钮：打开【排序】对话框，单击【添加条件】按钮，如图 6-14 所示。

02 设置两个条件：设置添加两个排序条件，然后单击【确定】按钮，如图 6-15 所示。

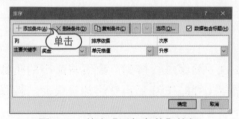

图 6-14　单击【添加条件】按钮

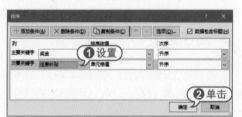

图 6-15　设置两个条件

03 查看排序结果：此时表格中的数据便按照【奖金】数据列的值进行升序排序，【奖金】数据列值相同的情况下，便按照【住房补贴】的数值大小进行升序排序，如图 6-16 所示。

	B	C	D	E	F	G	H	I	J	K	L	
1	姓名	部门	性别	员工类别	基本工资	岗位工资	住房补贴	奖金	应发合计	事假天数	事假扣款	病
2	刘宏	销售	男	销售人员	2000	1000	300	0	3300	1	150	
3	杨子琳	销售	男	销售人员	2000	1000	300	0	3300	0	0	
4	张拉拉	销售	女	销售人员	2000	1000	300	0	3300	2	300	
5	张三	行政	男	行政人员	2000	800	300	500	3600	0	0	
6	李四	行政	女	行政人员	2000	800	300	500	3600	0	0	
7	王波	行政	男	行政人员	2000	800	300	500	3600	1	164	
8	方峻	行政	男	公司管理	4000	1500	600	500	6600	0	0	
9	曹伟	销售	男	销售人员	2000	1000	300	600	3900	0	0	
10	刘组明	销售	男	销售人员	2000	1000	300	700	4000	0	0	
11	戴玲	销售	女	销售人员	2000	1000	300	800	4100	0	0	
12	郭静	销售	女	销售人员	2000	1000	300	1100	4400	0	0	
13	黄晓宁	销售	男	销售人员	2000	1000	300	1300	4600	0	0	
14	陈帅	销售	男	销售人员	2000	1000	300	1400	4700	0	0	
15	张荣	销售	男	销售人员	2000	1000	300	1500	4800	0	0	
16	高伟伟	销售	男	销售管理	3800	1500	600	1700	7600	0	0	
17	苏康	销售	男	销售人员	2000	1000	300	1800	5100	0	0	
18	君瑶	销售	女	销售人员	2000	1000	300	2100	5400	1	245	
19	田添	销售	男	销售管理	3800	1500	600	3000	8900	0	0	

图 6-16 查看排序结果

❸ 自定义序列的排序

Excel 2021 还允许用户对数据进行自定义排序，通过【自定义序列】对话框可以对排序的依据进行设置。

01 选择【自定义序列】选项：打开【排序】对话框。在【主要关键字】下拉列表中选择【部门】选项，在【次序】下拉列表中选择【自定义序列】选项，如图 6-17 所示。

02 输入自定义序列内容：打开【自定义序列】对话框，在【输入序列】列表框中输入自定义序列内容"行政，销售"，然后单击【添加】按钮，如图 6-18 所示。

图 6-17 选择【自定义序列】选项

图 6-18 输入自定义序列内容

03 显示序列：此时，在【自定义序列】列表框中显示刚添加的"行政 销售"序列，如图 6-19 所示，单击【确定】按钮，完成自定义序列操作。

04 单击【确定】按钮：返回【排序】对话框，此时【次序】下拉列表中已经显示【行政，销售】选项，单击【确定】按钮，如图 6-20 所示。

图 6-19　显示序列

图 6-20　单击【确定】按钮

05 查看排序结果：在该工作表中，排列的顺序为先是【行政】部门，然后为【销售】部门，效果如图 6-21 所示。

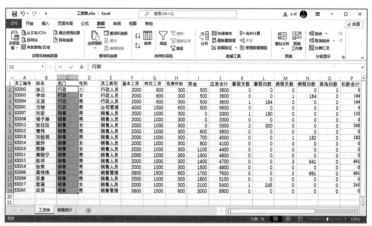

图 6-21　查看排序结果

6.2　筛选"工资表"

扫一扫 看视频

案例解析

　　筛选是一种用于查找数据清单中数据的快速方法，面对"工资表"表格中众多的数据，根据需求进行筛选以快速找到需要的数据。如果要筛选出符合某条件的数据，就需要用到 Excel 的自定义筛选或高级筛选功能。筛选"工资表"的图示和制作流程图分别如图 6-22 和图 6-23 所示。

图示：

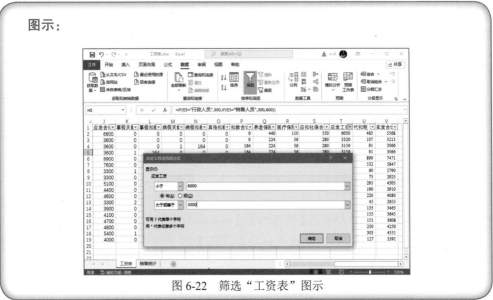

图 6-22　筛选"工资表"图示

制作流程图：

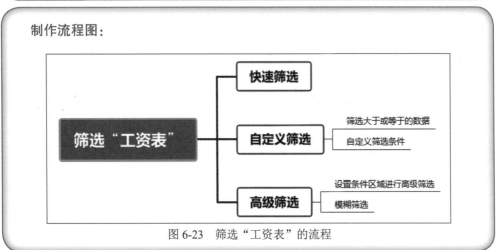

图 6-23　筛选"工资表"的流程

6.2.1 快速筛选

使用 Excel 2021 自带的筛选功能，可以快速筛选表格中的数据。筛选为用户提供了从具有大量记录的数据清单中快速查找出符合某种条件的记录的功能。使用筛选功能筛选数据时，字段名称将变成一个下拉列表框的框名。

01 单击【筛选】按钮：启动 Excel 2021，打开"工资表"工作簿，选择【数据】选项卡，在【排序和筛选】组中单击【筛选】按钮，如图 6-24 所示。

02 设置筛选条件：此时，工作表进入筛选状态。各标题字段的右侧出现一个下拉按钮，单击【员工类别】旁边的筛选按钮，在弹出的下拉列表中，取消选中【全选】复选框，选中【销售人员】复选框，单击【确定】按钮，如图 6-25 所示。

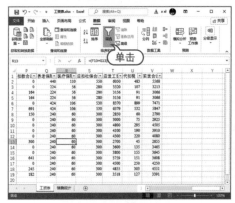

图 6-24　单击【筛选】按钮

图 6-25　设置筛选条件

03 查看筛选结果：此时所有与【销售人员】相关的数据被筛选出来，如图 6-26 所示。

04 清除筛选：完成筛选后，单击【排序和筛选】组中的【清除】按钮，如图 6-27 所示，此时即可清除当前数据区域的筛选状态。

图 6-26　查看筛选结果

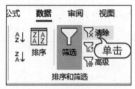

图 6-27　单击【清除】按钮

6.2.2 自定义筛选

自定义筛选是指通过自定义筛选条件，查询符合条件的数据记录。自定义筛选可以筛选出等于、大于、小于某个数的数据，还可以通过"或""与"这样的逻辑用语筛选数据。

① 筛选大于或等于某个数的数据

筛选大于或等于某个数的数据时，只需要设置好数据大小，即可完成筛选。

01 选择【大于或等于】选项：在筛选状态中，单击【岗位工资】单元格的筛选按钮，在弹出的下拉菜单中选择【数字筛选】|【大于或等于】选项，如图 6-28 所示。

02 输入数据：在打开的【自定义自动筛选方式】对话框中输入数据"1000"，单击【确定】按钮，如图 6-29 所示。

图 6-28　选择【大于或等于】选项

图 6-29　输入数据

03 查看筛选结果：此时在 Excel 表格中，所有【岗位工资】金额大于或等于 1000 的数据便被筛选出来，如图 6-30 所示。

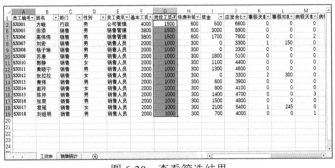

图 6-30　查看筛选结果

② 自定义筛选条件

除了选择"大于""小于""等于""不等于"等条件外，读者还可以自定义筛选多个条件。

01 选择【自定义筛选】选项：单击【应发工资】单元格的筛选按钮，选择下拉菜单中的【数字筛选】|【自定义筛选】选项，如图 6-31 所示。

02 设置自定义筛选条件：打开【自定义自动筛选方式】对话框，设置【小于】的数值为 6000，选择【与】单选按钮，设置【大于或等于】的数值为 3000，表示筛选出小于 6000 以及大于或等于 3000 的数据，单击【确定】按钮，如图 6-32 所示。

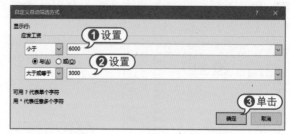

图 6-31 选择【自定义筛选】选项　　　　图 6-32 设置自定义筛选条件

03 查看筛选结果：此时，【应发工资】金额小于 6000 以及大于或等于 3000 的数据被筛选出来，如图 6-33 所示。

图 6-33 查看筛选结果

6.2.3 高级筛选

对于筛选条件较多的情况，可以使用高级筛选功能来处理。使用高级筛选功能，其筛选的结果可显示在原数据表格中，也可以显示在新的位置。

◇ **设置条件区域进行高级筛选**

使用高级筛选功能，必须先建立一个条件区域，用来指定筛选的数据所需满足的条件。

01 输入筛选条件：在表格空白的地方输入筛选条件，如图 6-34 所示的筛选条件表示需要筛选出【员工类别】的【销售人员】实发工资合计大于 3000，【销售管理】实发工资合计小于 6000 的数据，其单元格区域为 A21:B23。

02 单击【高级】按钮：单击【排序和筛选】组中的【高级】按钮，如图 6-35 所示。

图 6-34　输入筛选条件

图 6-35　单击【高级】按钮

03 设置【高级筛选】对话框：打开【高级筛选】对话框，确定【列表区域】中选中了"工资表"表格原有的全部数据区域，然后单击【条件区域】的![]按钮，如图 6-36 所示。

04 选中条件区域范围：拖曳鼠标选中条件区域范围 A21:B23，然后在【高级筛选 - 条件区域】对话框中单击![]按钮，如图 6-37 所示。

图 6-36　【高级筛选】对话框

图 6-37　选中条件区域范围

05 确定高级筛选设置：单击【高级筛选】对话框中的【确定】按钮，如图 6-38 所示。

06 查看筛选结果：此时，满足条件的数据被筛选出来，如图 6-39 所示。

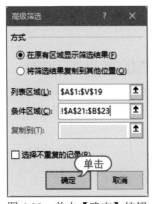

图 6-38　单击【确定】按钮

图 6-39　查看筛选结果

145

模糊筛选

有时筛选数据的条件可能不够精确，用户只知道其中某一个字或内容。用户可以使用通配符来模糊筛选表格内的数据。

01 输入筛选条件：在表格空白的地方输入筛选条件，如图 6-40 所示的筛选条件表示需要筛选出【姓名】为"张"开头，后面带 2 个字符的数据，其单元格区域为 D21:D22。

02 选择条件区域：单击【排序和筛选】组中的【高级】按钮，在弹出的【高级筛选】对话框中单击【条件区域】的 按钮，拖曳鼠标选中条件区域范围 D21:D22，然后单击 按钮，如图 6-41 所示。

图 6-40　输入筛选条件

图 6-41　选中条件区域范围

03 确定高级筛选设置：单击【高级筛选】对话框中的【确定】按钮，如图 6-42 所示。

04 查看筛选结果：返回工作表，此时符合条件的数据被筛选出来，如图 6-43 所示。

图 6-42　单击【确定】按钮

图 6-43　查看筛选结果

高手点拨

　　Excel 中的通配符为 * 和？，* 代表 0 到任意多个连续字符，？代表一个字符。通配符只能用于文本型数据，对数值和日期型数据无效。

6.3　分类汇总"工资表"

扫一扫 看视频

案例解析

　　分类汇总是对数据清单进行数据分析的一种方法。分类汇总对数据库中指定的字段进行分类，然后统计同一类记录的有关信息。统计的内容由用户指定，可以统计同一类记录的记录条数，也可以对某些数值段求和、求平均值、求极值等。如"工资表"中的"应发工资"，可以按照"奖金"进行汇总，也可以按照"养老保险"进行汇总。其图示和制作流程图分别如图 6-44 和图 6-45 所示。

图示：

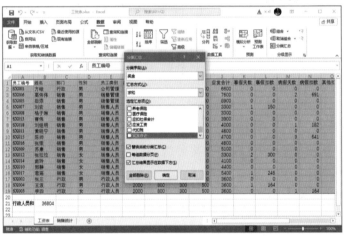

图 6-44　分类汇总"工资表"图示

制作流程图：

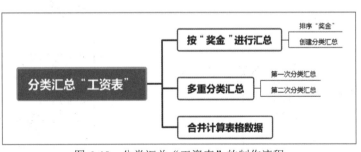

图 6-45　分类汇总"工资表"的制作流程

6.3.1 按"奖金"进行汇总

对于"工资表"中的"应发工资"金额的统计，可以按"奖金"金额进行汇总。

① 排序"奖金"

在创建分类汇总之前，用户必须先根据需要对数据清单排序。为了方便汇总"应发工资"，需要对"奖金"进行排序。

01 单击【排序】按钮：选中"奖金"单元格，然后单击【排序和筛选】组中的【排序】按钮，如图 6-46 所示。

02 设置【排序】对话框：打开【排序】对话框，设置排序条件，单击【确定】按钮，如图 6-47 所示。

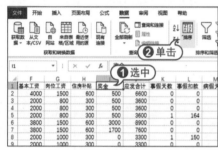

图 6-46 单击【排序】按钮

图 6-47 设置【排序】对话框

② 创建分类汇总

当插入自动分类汇总时，Excel 将分级显示数据清单，以便为每个分类汇总显示和隐藏明细数据行。

01 单击【分类汇总】按钮：选择【数据】选项卡，在【分级显示】组中单击【分类汇总】按钮，如图 6-48 所示。

02 设置【分类汇总】对话框：打开【分类汇总】对话框，在【分类字段】下拉列表中选择【奖金】选项；在【汇总方式】下拉列表中选择【求和】选项；在【选定汇总项】列表框中选中【应发工资】复选框，然后单击【确定】按钮，如图 6-49 所示。

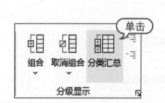

图 6-48 单击【分类汇总】按钮

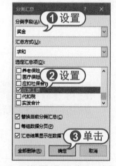

图 6-49 设置【分类汇总】对话框

03 ▶ 查看汇总结果：此时表格数据按照不同的奖金金额进行"应发工资"的汇总，如图 6-50 所示。

04 ▶ 查看二级汇总结果：单击汇总区域左上角的数字按钮 2，即可查看二级汇总结果，如图 6-51 所示。

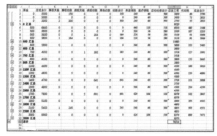

图 6-50　查看汇总结果

图 6-51　查看二级汇总结果

05 ▶ 查看一级汇总结果：单击汇总区域左上角的数字按钮 1，即可查看一级汇总结果，如图 6-52 所示。

06 ▶ 删除汇总：单击【分类汇总】按钮，打开【分类汇总】对话框，单击【全部删除】按钮，如图 6-53 所示，即可删除之前的汇总统计。

图 6-52　查看一级汇总结果

图 6-53　删除汇总

📝 高手点拨

　　分类汇总的计算方法有分类汇总、总计和自动重新计算：分类汇总指的是 Excel 使用 SUM 或 AVERAGE 等汇总函数进行分类汇总计算，在一个数据清单中可以一次使用多种计算来显示分类汇总；总计值来源于明细数据，而不是分类汇总行中的数据，例如，如果使用了 AVERAGE 汇总函数，则总计行将显示数据清单中所有明细数据行的平均值，而不是分类汇总行中汇总值的平均值；自动重新计算指的是在编辑明细数据时，Excel 将自动重新计算相应的分类汇总和总计值。建立分类汇总后，如果修改明细数据，汇总数据将会自动更新。

6.3.2　多重分类汇总

在 Excel 2021 中，有时需要同时按照多个分类项来对表格数据进行汇总计算。此时的多重分类汇总需要遵循以下 3 个原则。

> ▶ 先按分类项的优先级顺序对表格中的相关字段进行排序。
> ▶ 按分类项的优先级顺序多次执行【分类汇总】命令，并设置详细参数。
> ▶ 从第二次执行【分类汇总】命令开始，需要取消选中【分类汇总】对话框中的【替换当前分类汇总】复选框。

比如要在"工资表"中按"员工类别"的男和女的"应发工资"进行汇总，需要进行 2 次分类汇总的操作。

① 第一次分类汇总

在第一次分类汇总前需要设置【主要关键字】和【次要关键字】并进行排序操作。

01 设置主要关键字：选中任意一个单元格，在【数据】选项卡中单击【排序】按钮，在弹出的【排序】对话框中，设置【主要关键字】为【员工类别】，然后单击【添加条件】按钮，如图 6-54 所示。

02 设置次要关键字：在【次要关键字】里选择【性别】选项，然后单击【确定】按钮，完成排序，如图 6-55 所示。

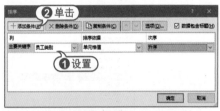

图 6-54　设置主要关键字

图 6-55　设置次要关键字

03 设置第一次分类汇总：单击【分类汇总】按钮，打开【分类汇总】对话框，选择【分类字段】为【员工类别】，【汇总方式】为【求和】，选中【选定汇总项】列表框中的【应发工资】复选框，然后单击【确定】按钮，如图 6-56 所示。

04 查看汇总：此时，完成第一次分类汇总，查看二级汇总，如图 6-57 所示。

图 6-56　设置分类汇总

图 6-57　查看二级汇总

② 第二次分类汇总

进行第二次分类汇总时，选择第二个分类字段，并取消选中【替换当前分类汇总】复选框。

01 设置第二次分类汇总：单击【数据】选项卡中的【分类汇总】按钮，打开【分类汇总】对话框，选择【分类字段】为【性别】，【汇总方式】为【求和】，选中【选定汇总项】列表框中的【应发工资】复选框，取消选中【替换当前分类汇总】复选框，然后单击【确定】按钮，如图 6-58 所示。

02 查看汇总：此时表格同时根据【员工类别】和【性别】两个分类字段进行了汇总，单击【分级显示控制按钮】中的"3"，即可得到各员工类别的男和女的【应发工资】汇总，如图 6-59 所示。

图 6-58　设置分类汇总

图 6-59　查看三级汇总

6.3.3　合并计算表格数据

通过合并计算，可以把来自一个或多个源区域的数据进行汇总，并建立合并计算表。这些源区域与合并计算表可以在同一工作表中，也可以在同一工作簿的不同工作表中，甚至还可以在不同的工作簿中。

下面统计"工资表"中行政人员和销售人员中男性的应发工资汇总。

01 输入数据：在 A21 单元格里输入"行政人员和销售人员男性应发工资"，如图 6-60 所示。

02 单击【合并计算】按钮：选定 B22 单元格，打开【数据】选项卡，在【数据工具】组中单击【合并计算】按钮，如图 6-61 所示。

图 6-60　输入数据

图 6-61　单击【合并计算】按钮

03 选择求和函数：打开【合并计算】对话框，在【函数】下拉列表中选择【求和】选项，然后单击【引用位置】文本框后的按钮，如图 6-62 所示。

04 选择男性的销售人员的应发工资：返回工作簿窗口，选定 T5 单元格，然后单击按钮，如图 6-63 所示。

图 6-62 【合并计算】对话框

图 6-63 选择应发工资

05 添加单元格：返回【合并计算】对话框，单击【添加】按钮，将之前选择的单元格添加到合并计算中，然后单击【引用位置】文本框后的按钮，继续添加引用位置，如图 6-64 所示。

06 继续选择应发工资：返回工作簿窗口，选定 T6 单元格，然后单击按钮，如图 6-65 所示。

图 6-64 添加单元格

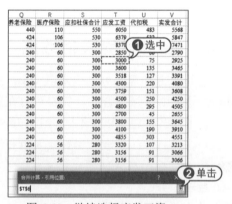

图 6-65 继续选择应发工资

07 添加行政人员和销售人员男性应发工资：将所有行政人员和销售人员男性应发工资单元格数据都添加到【合并计算】对话框中，然后单击【确定】按钮，如图 6-66 所示。

08 查看合并计算结果：返回工作簿窗口，即可查看行政人员和销售人员为男性的应发工资总和结果，如图 6-67 所示。

图 6-66　单击【确定】按钮

图 6-67　合并计算结果

高手点拨

在【合并计算】对话框中，如果不选中【标签位置】选项区域的【首行】和【最左列】复选框，合并计算的结果是汇总数据没有首行和最左列，即数据没有字段名称。这就要求进行合并计算的不同表格中的字段名要相同，否则在合并计算时，无法计算出相同字段下的数据总和。

Word Excel PPT 高效办公（微视频版）

6.4 通关练习

扫一扫 看视频

通过前面内容的学习，读者应该已经掌握在 Excel 中使用排序、筛选、分类汇总及合并计算等内容。下面介绍制作"第一季度销售统计表"这个案例，用户可以通过练习巩固本章所学知识。

案例解析

利用"第一季度销售统计表"，将排序、筛选、分类汇总及合并计算功能结合起来，分析企业第一季度的销售统计。本节主要介绍关键步骤，其图示和流程图分别如图 6-68 和图 6-69 所示。

图示：

图 6-68 "第一季度销售统计表"图示

制作流程图：

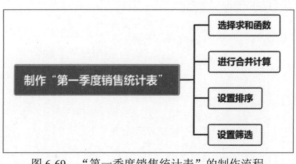

图 6-69 "第一季度销售统计表"的制作流程

关键步骤

01 选择求和函数：打开"第一季度销售统计"工作簿，在其中创建"一月""二月""三月"与"合计"4 个工作表，打开"合计"工作表，选取 D4:D11 单元格区域，在【数据】选项卡的【数据工具】组中单击【合并计算】按钮，打开【合并计算】对话框，在【函数】下拉列表中选择【求和】选项，单击【引用位置】文本框右侧的 ⬆ 按钮，如图 6-70 所示。

02 选择引用位置：选择"一月"工作表的 E4:F11 单元格区域，如图 6-71 所示，单击 ▦ 按钮，返回【合并计算】对话框。

图 6-70　选择求和函数

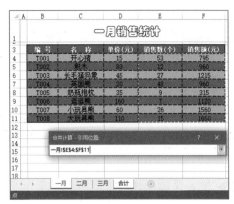

图 6-71　选择引用位置

03 进行合并计算：单击【添加】按钮，即可添加合并计算的引用位置，使用同样的方法，将"二月"工作表的 E4:F11 单元格区域与"三月"工作表的 E4:F11 单元格区域添加为引用位置。在【合并计算】对话框中添加完所有的引用位置后，单击【确定】按钮，如图 6-72 所示。这样即可统计第一季度所有商品的总销售数和总销售额，如图 6-73 所示。

图 6-72　添加引用位置

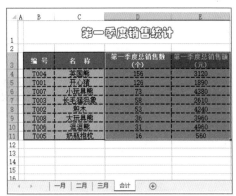

图 6-73　统计数据

04 设置排序：在"合计"工作表中排序第一季度各商品的总销售额，帮助用户查看销售情况。在【数据】选项卡中单击【排序】按钮，打开【排序】对话框，在【主要关键字】下拉列表中选择【第一季度总销售数】选项；在【排序依据】下拉列表中选择【单元格值】选项；在【次序】下拉列表中选择【降序】选项。单击【添加条件】按钮，添加次要条件，在【次要关键字】下拉列表中选择【第一季度总销售额】选项；在【排序依据】下拉列表中选择【单元格值】选项；在【次序】下拉列表中选择【升序】选项，然后单击【确定】按钮，如图 6-74 所示。排序后的表格如图 6-75 所示。

图 6-74　设置排序

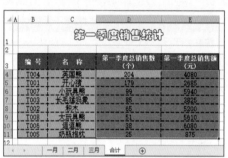

图 6-75　查看排序结果

05 输入筛选条件：下面筛选出下个季度不再进货的商品，筛选条件为该商品第一季度总销售额低于 2000 并且总销售数量小于 20。在"合计"工作表的 D13:E14 单元格区域中输入筛选条件，在 B16 单元格中输入筛选后的表格标题并设置格式，如图 6-76 所示。

06 设置【高级筛选】对话框：选取 B3:E11 单元格区域，在【数据】选项卡的【排序和筛选】组中单击【高级】按钮，打开【高级筛选】对话框，在【方式】选项区域中选中【将筛选结果复制到其他位置】单选按钮；单击【条件区域】文本框右侧的按钮，如图 6-77 所示。

图 6-76　输入筛选条件

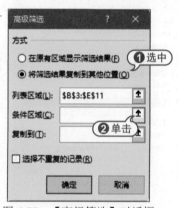

图 6-77　【高级筛选】对话框

07 选取筛选条件：在"合计"工作表中选取筛选条件所在的 D13:E14 单元格区域，单击▣按钮，如图 6-78 所示。

08 设置【复制到】区域：返回【高级筛选】对话框，单击【复制到】文本框右侧的⬆按钮，在【合计】工作表中选取 B18 单元格区域，然后单击▣按钮，如图 6-79 所示。

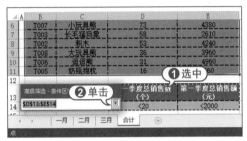

图 6-78　选取筛选条件区域

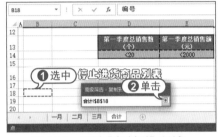

图 6-79　设置【复制到】区域

09 筛选结果：返回【高级筛选】对话框，查看筛选设置，然后单击【确定】按钮，如图 6-80 所示。返回"合计"工作表，筛选出下个季度要停止进货的商品记录，如图 6-81 所示。

图 6-80　单击【确定】按钮

图 6-81　筛选结果

Word Excel PPT 高效办公（微视频版）

6.5 专家解疑

如何使用红圈圈出自己想要的数据？

Excel 的数据验证具有圈释无效数据的功能，可以方便地查找出错误或不符合条件的数据。比如下面圈出"名次"大于 20 的数据。

01 选中"名次"列中的数据 F3:F26，单击【数据】选项卡中的【数据验证】按钮，如图 6-82 所示。

02 打开【数据验证】对话框，选择【设置】选项卡，在【允许】下拉列表中选择【整数】选项，在【数据】下拉列表中选择【小于或等于】选项，在【最大值】框里输入"20"，然后单击【确定】按钮，如图 6-83 所示。

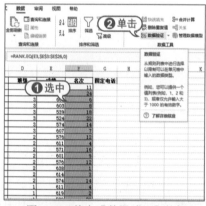
图 6-82　单击【数据验证】按钮

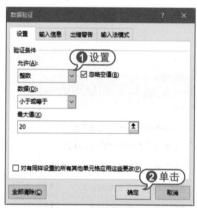
图 6-83　设置验证条件

03 返回表格，在【数据】选项卡中单击【数据验证】按钮旁的下拉按钮，在其弹出菜单中选择【圈释无效数据】命令，如图 6-84 所示。

04 此时，表格内凡是"名次"大于 20 的数据都会被红圈圈出，如图 6-85 所示。

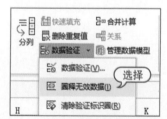
图 6-84　选择【圈释无效数据】命令

图 6-84　显示红圈

第7章

应用图表和数据透视表

在 Excel 2021 中，通过插入图表可以更直观地表现表格中数据的发展趋势或分布状况；通过插入数据透视表及数据透视图可以对数据清单进行重新组织和统计。本章以制作"提成对比图"和"上半年销售业绩图"等为例，介绍在 Excel 中应用图表和数据透视表的操作技巧。

◉ 本章要点：

- ✔ 创建图表
- ✔ 创建数据透视表
- ✔ 创建迷你图
- ✔ 创建数据透视图

◉ 文档展示：

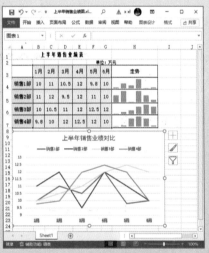

7.1 制作"提成对比图"

"提成对比图"是根据销售员提成统计表创建的，在对比图中可以看到各销售员提成的对比状况。其图示和制作流程图分别如图 7-1 和图 7-2 所示。

图示：

图 7-1 "提成对比图"图示

制作流程图：

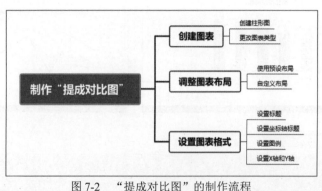

图 7-2 "提成对比图"的制作流程

7.1.1　创建图表

使用 Excel 2021 提供的图表向导，用户可以方便、快速地建立一个标准类型或自定义类型的图表。在图表创建完成后，可以修改其各种属性，以使整个图表更趋于完善。

◇ 创建柱形图

首先选中表格中的数据，然后使用【插入图表】对话框选择图表类型后插入图表。

01 选择数据区域：启动 Excel 2021，打开"提成对比图"工作簿的 Sheet1 工作表，选取 A3:E10 单元格区域，选择【插入】选项卡，在【图表】组中单击对话框启动器按钮，如图 7-3 所示。

02 选择图表类型：打开【插入图表】对话框，选择【所有图表】选项卡，然后在该选项卡左侧的导航窗格中选择图表分类【柱形图】，在右侧的列表框中选择一种图表类型【堆积柱形图】，单击【确定】按钮，如图 7-4 所示。

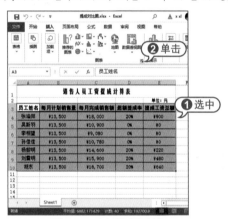

图 7-3　选择数据区域

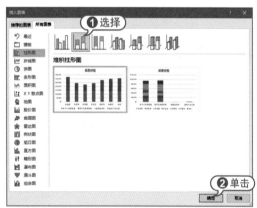

图 7-4　选择图表类型

03 查看图表：此时根据表格数据创建图表，效果如图 7-5 所示。

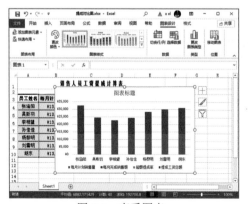

图 7-5　查看图表

⟩⟩ 更改图表类型

如果读者对插入图表的类型不满意，则可以更改图表的类型。

01 单击【更改图表类型】按钮：选中图表，打开【图表设计】选项卡，在【类型】组中单击【更改图表类型】按钮，如图 7-6 所示。

02 选择其他图表类型：打开【更改图表类型】对话框，选择其他类型的图表选项，比如选择【三维簇状柱形图】选项，单击【确定】按钮，如图 7-7 所示。

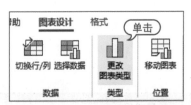

图 7-6　单击【更改图表类型】按钮

图 7-7　选择其他图表类型

03 查看图表：此时图表从【堆积柱形图】变成【三维簇状柱形图】，如图 7-8 所示。

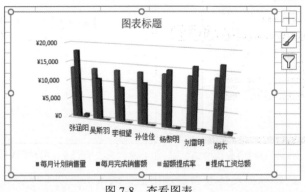

图 7-8　查看图表

7.1.2　调整图表布局

组成 Excel 图表的布局元素有很多种，有坐标轴、标题、图例等。完成图表的创建后，用户需要根据实际需求对图表布局进行调整。

◇ 使用预设布局

在 Excel 中，可以使用系统预设的图表布局样式对图表进行快速调整。

01 选择布局选项：打开【图表设计】选项卡，在【图表布局】组中单击【快速布局】按钮，在弹出的下拉菜单中选择【布局 4】选项，如图 7-9 所示。

02 查看布局效果：此时柱形图将引用该布局样式，效果如图 7-10 所示。

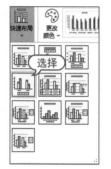

图 7-9　选择【布局 4】选项

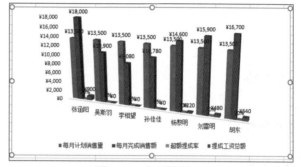

图 7-10　布局效果

② 自定义布局

读者可以通过自定义图表布局，手动更改图表中的元素。

01 选择图表中需要显示的元素：单击图表右侧的【图表元素】按钮，从弹出的【图表元素】窗格中选中需要显示的图表元素，或取消选中不需要显示的图表元素，如图 7-11 所示。

02 选择图表样式：单击图表右侧的【图表样式】按钮，从弹出的【图表样式】窗格中选中想要的样式，如图 7-12 所示。

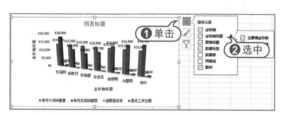

图 7-11　选中图表中需要显示的元素

图 7-12　选择图表样式

03 筛选图表数据：单击图表右侧的【图表筛选器】按钮，可以选择隐藏部分数据，如取消选中【超额提成率】复选框，单击【应用】按钮即可隐藏该图表数据，如图 7-13 所示。

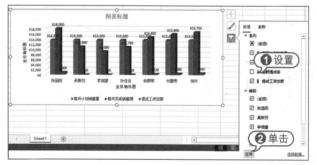

图 7-13　筛选图表数据

163

7.1.3　设置图表格式

初步完成图表布局后，打开【图表设计】和【格式】选项卡，在其中可以设置图表的布局元素的格式。

◇ 设置标题

完整的图表需要一个标题，且标题格式需设置得美观、清晰。

01 输入标题：将光标放入标题中，删除原标题，输入"销售提成对比"，如图 7-14 所示。

02 设置格式：选中文字，在【开始】选项卡中设置【字体】为【华文琥珀】，【字号】为 16，如图 7-15 所示。

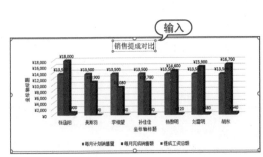

图 7-14　输入标题

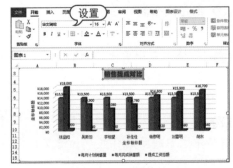

图 7-15　设置格式

◇ 设置坐标轴标题

坐标轴标题显示了 Y 轴和 X 轴分别代表的数据。调整坐标轴标题的文字方向及文字格式，可以使其表达的意思更加明确。

01 选择【设置坐标轴标题格式】命令：右击图表 Y 轴的标题，在弹出的快捷菜单中选择【设置坐标轴标题格式】命令，如图 7-16 所示。

02 调整标题文字方向：切换到【设置坐标轴标题格式】窗格中的【文本选项】选项卡，单击【文本框】按钮，在【文字方向】下拉列表中选择【竖排】选项，如图 7-17 所示。

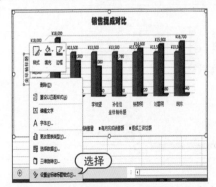

图 7-16　选择【设置坐标轴标题格式】命令

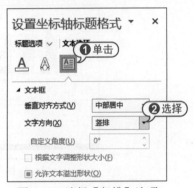

图 7-17　选择【竖排】选项

03 设置文字格式：选中文字，设置【字体】为【黑体】，【字号】为 9，字体颜色为浅蓝，如图 7-18 所示。

04 设置 X 轴标题格式：设置 X 轴标题文字格式与 Y 轴标题相同，然后拖动标题并放在合适位置，如图 7-19 所示。

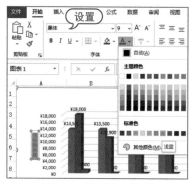

图 7-18　设置文字格式

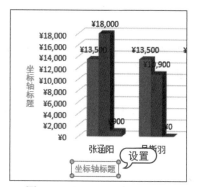

图 7-19　设置 X 轴标题格式

③ 设置图例

图表图例说明了图表中的数据系列所代表的内容。默认情况下图例显示在图表下方，用户可以更改图例的位置及图例文字格式。

01 设置文字格式：选中图例，设置其字体格式为【黑体】【9 磅】【浅蓝】，右击图例，从弹出的快捷菜单中选择【设置图例格式】命令，如图 7-20 所示。

02 设置图例位置：打开【设置图例格式】窗格，单击【图例选项】按钮，在【图例位置】里选中【靠右】单选按钮，如图 7-21 所示。

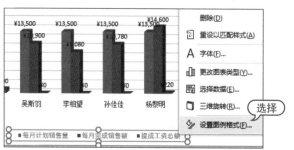

图 7-20　选择【设置图例格式】命令

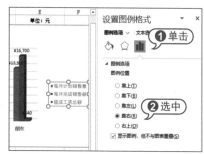

图 7-21　设置图例位置

④ 设置 X 轴和 Y 轴

设置 X 轴的轴线条格式，可以强调外观显示。设置 Y 轴的数值范围，可以使数据对比更加明显。

01 设置 X 轴：双击 X 轴，打开【设置坐标轴格式】窗格，切换到【坐标轴选项】选项卡，在【填充与线条】中选择【线条】为【实线】，设置颜色为【绿色】，宽度为【1 磅】，如图 7-22 所示。

02 设置 Y 轴：双击 Y 轴，打开【设置坐标轴格式】窗格，单击【坐标轴选项】选项卡下的 按钮，在【最小值】中输入"100"，如图 7-23 所示。

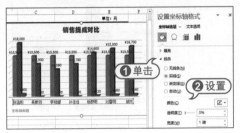

图 7-22　设置 X 轴　　　　　　　　图 7-23　设置 Y 轴

03 查看图表：在坐标轴标题中输入文字，图表效果如图 7-24 所示。

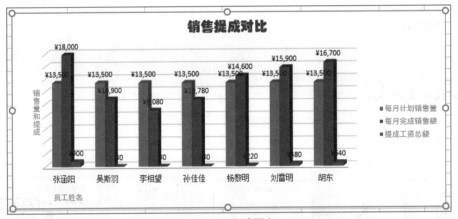

图 7-24　查看图表

7.2 制作"上半年销售业绩图"

扫一扫 看视频

案例解析

　　根据销售业绩统计出来的数据往往比较复杂，如果直接给领导呈现原始的纯数据信息，会让领导看不到重点。此时需要根据汇报重点选择性地将数据转换成不同类型的图表。例如领导看重的是实际数据，为数据加上迷你图即可；如果想要呈现业绩的趋势，则可以选择折线图。其图示和制作流程图分别如图 7-25 和图 7-26 所示。

图示：

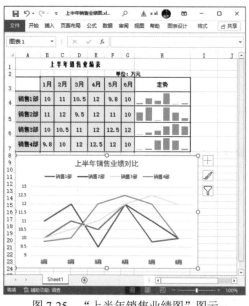

图 7-25 　"上半年销售业绩图"图示

制作流程图：

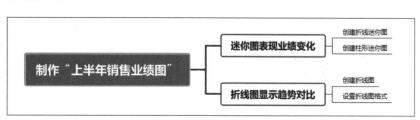

图 7-26 　"上半年销售业绩图"的制作流程

7.2.1　迷你图表现业绩变化

迷你图是创建于单元格中的小型图表，使用迷你图可以直观地反映一组数据的变化趋势，例如每月销售业绩的变化等。

①　创建折线迷你图

折线迷你图呈现的是数据的变化趋势，创建方法如下。

01　选择折线迷你图：打开"上半年销售业绩图"工作簿，在【插入】选项卡中单击【迷你图】组中的【折线】按钮，如图 7-27 所示。

02　选择数据范围：打开【创建迷你图】对话框，单击【数据范围】文本框的⬆按钮，拖动选择 B4:G7 数据范围，再单击▣按钮返回【创建迷你图】对话框，如图 7-28 所示。

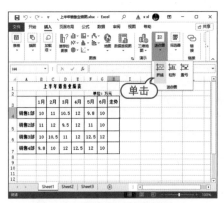

图 7-27　单击【折线】按钮

图 7-28　选择数据范围

03　选择位置范围：单击【位置范围】文本框的⬆按钮，拖动选择 H4:H7 区域，再单击▣按钮返回对话框，单击【确定】按钮，如图 7-29 所示。

04　选择迷你图样式：切换至【迷你图】选项卡，在【样式】组中单击【其他】按钮，在弹出的下拉菜单中选择一种样式，如图 7-30 所示。

图 7-29　选择位置范围

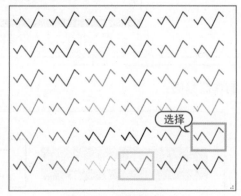

图 7-30　选择样式

05 添加高点：在【样式】组中单击【标记颜色】按钮，选择【高点】|【红色】选项，如图 7-31 所示。

06 查看迷你图：返回工作表，拖曳边线以加宽 H 列单元格，迷你图效果如图 7-32 所示。

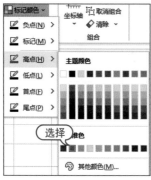

图 7-31　添加高点

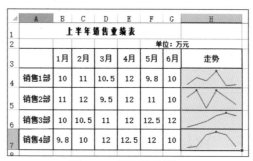

图 7-32　查看迷你图

创建柱形迷你图

柱形迷你图呈现的是数据的大小对比，使用用户可以更加直观地查看表格数据。

01 选择柱形迷你图：打开"上半年销售业绩图"工作簿，在【插入】选项卡中单击【迷你图】组中的【柱形】按钮，如图 7-33 所示。

02 选择数据范围和位置范围：打开【创建迷你图】对话框，使用上面的方法选择数据范围和位置范围，如图 7-34 所示。

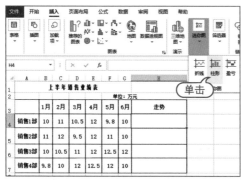

图 7-33　单击【柱形】按钮

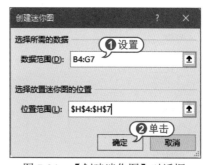

图 7-34　【创建迷你图】对话框

03 设置柱形图颜色：在【样式】组中单击【迷你图颜色】按钮，在弹出的颜色面板中选择【浅蓝】颜色，如图 7-35 所示。

04 查看柱形迷你图：返回工作表，查看柱形迷你图，效果如图 7-36 所示。

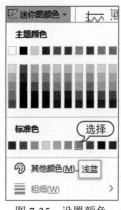

图 7-35 设置颜色

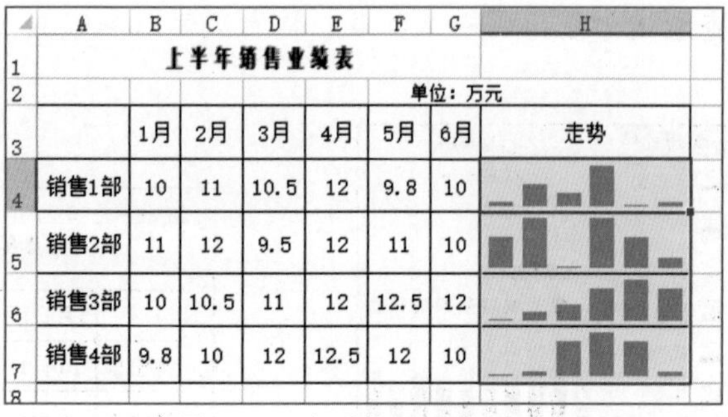

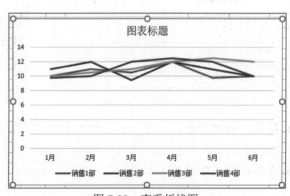

图 7-36 查看柱形迷你图

7.2.2 折线图显示趋势对比

折线图可以突出显示表格中数据的趋势对比。创建折线趋势图后，还需要调整折线图格式，以使趋势更加明显。

① 创建折线图

创建折线图的方法：先选中表格数据，然后选择折线图选项。

01 选择折线图：选择表格中的 A3:G7 单元格区域，在【插入】选项卡中单击【图表】组中的【插入折线图或面积图】按钮，在弹出的下拉菜单中选择【折线图】选项，如图 7-37 所示。

02 查看折线图：此时即可创建折线图图表，效果如图 7-38 所示。

图 7-37 选择【折线图】选项

图 7-38 查看折线图

2 设置折线图格式

成功创建折线图后，需要调整坐标轴及折线图中折线的颜色和粗细，以使折线图的趋势对比更加明显。

01 设置标题：将光标放到折线图标题中，删除原来的标题，输入新的标题，设置标题的文字格式为黑体、14 磅、蓝色，效果如图 7-39 所示。

02 设置 Y 轴边界值：双击 Y 轴，打开【设置坐标轴格式】窗格，在【坐标轴选项】选项卡下单击 按钮，设置【边界】最小值和最大值分别为 9 和 13，如图 7-40 所示。

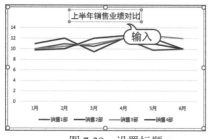

图 7-39 设置标题

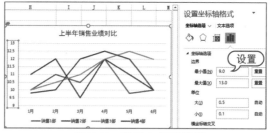

图 7-40 设置 Y 轴边界值

03 设置 X 轴颜色：双击 X 轴，在打开的【设置坐标轴格式】窗格的【坐标轴选项】选项卡下单击 按钮，设置【渐变填充】颜色，如图 7-41 所示。

04 设置图例位置：双击图例，在打开的【设置图例格式】窗格的【图例选项】选项卡下单击 按钮，设置【图例位置】为【靠上】，如图 7-42 所示。

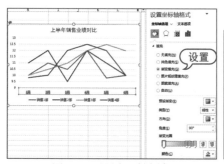

图 7-41 设置 X 轴颜色

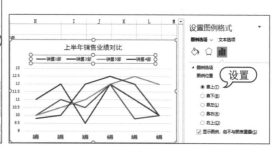

图 7-42 设置图例位置

05 设置折线颜色：双击代表【销售 3 部】的折线，在打开的【设置数据系列格式】窗格中单击 按钮，设置折线颜色为黄色，如图 7-43 所示。

06 查看折线图：使用相同的方法，设置【销售 4 部】的折线为绿色，最后的图表效果如图 7-44 所示。

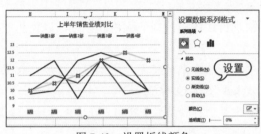
图 7-43　设置折线颜色

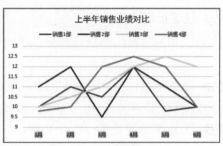
图 7-44　查看折线图

7.3　制作"销售数据透视表"

扫一扫 看视频

案例解析

　　企业在进行产品销售时，为了衡量销售状况是否良好，哪些地方存在不足，需要定期统计销售数据。统计出来的表格数据包含时间、商品销量、销售区域等信息。由于信息比较繁杂，不方便分析，如果将表格制作成数据透视表，可以提高数据的分析效率。"销售数据透视表"图示和制作流程图分别如图 7-45 和图 7-46 所示。

图示：

图 7-45　"销售数据透视表"图示

制作流程图：

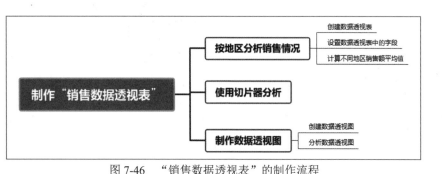

图 7-46　"销售数据透视表"的制作流程

7.3.1　按地区分析销售情况

使用数据透视表可以将表格中的数据整合到一张透视表中，在透视表中通过设置字段，可以对比查看不同地区的商品销售情况。

◇ 创建数据透视表

利用数据透视表对数据进行分析，需要先根据数据区域创建数据透视表。

01 单击【数据透视表】按钮：打开"销售数据透视表"工作簿的"销售数据表"工作表，单击【插入】选项卡中的【数据透视表】按钮，选择下拉菜单中的【表格和区域】命令，如图 7-47 所示。

02 打开【来自表格或区域的数据透视表】对话框：在打开的【来自表格或区域的数据透视表】对话框中单击【表/区域】中的 ⬆ 按钮，如图 7-48 所示。

图 7-47　选择【表格和区域】命令

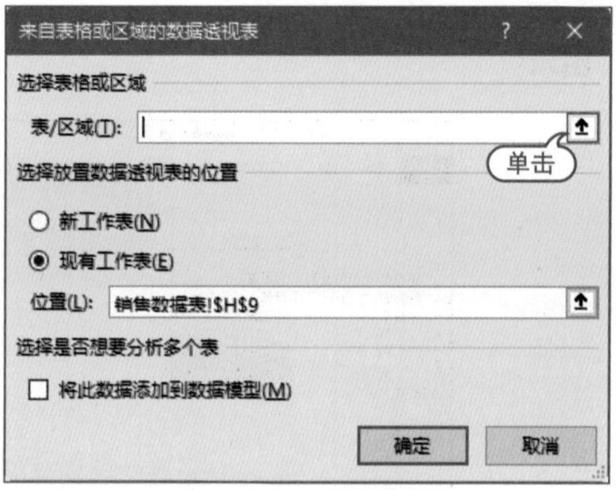

图 7-48　单击按钮

03 选择数据区域：拖曳鼠标选中 A1:F18 单元格区域，然后单击 按钮，如图 7-49 所示。

04 选中【新工作表】单选按钮：在【来自表格或区域的数据透视表】对话框中选中【新工作表】单选按钮，单击【确定】按钮，如图 7-50 所示。

图 7-49　选择数据区域

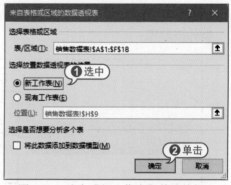

图 7-50　选中【新工作表】单选按钮

05 查看新建的数据透视表：此时新建的数据透视表为一个新工作表，将其重命名为 "数据透视表"，如图 7-51 所示。

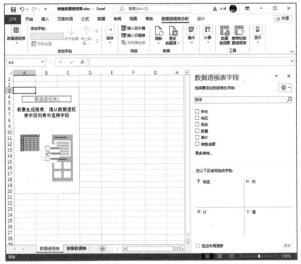

图 7-51　查看新建的数据透视表

❷ 设置数据透视表中的字段

成功创建数据透视表后，用户可以通过设置数据透视表的布局，使数据透视表能够满足不同角度数据分析的需求。在本例中，需要分析不同地区的销量，需要添加销售地区、商品名称、销售金额的对应字段。

01 设置字段：在【数据透视表字段】窗格中选中需要的字段【地区】【品名】【销售金额】，使用拖动的方法，将字段拖动到相应的位置，如图 7-52 所示。

02 查看完成设置的数据透视表：此时完成数据透视表的字段设置，效果如图 7-53 所示。

图 7-52　设置字段

图 7-53　查看数据透视表

③ 计算不同地区销售额平均值

数据透视表默认情况下统计的是数据求和，用户可以通过设置，将求和改成求平均值，对比不同地区销售金额的平均值。

01 选择字段：在【数据透视表字段】窗格中选中字段【地区】【品名】【数量】【销售金额】，此时【销售金额】默认的是【求和项】，如图 7-54 所示。

02 设置【值字段设置】对话框：右击表格中的任一单元格，从弹出的快捷菜单中选择【值字段设置】命令，打开【值字段设置】对话框，选择【计算类型】为【平均值】，单击【确定】按钮，如图 7-55 所示。

图 7-54　选择字段

图 7-55　设置【值字段设置】对话框

03 查看数据透视表：当值字段设置为平均值时，用户可以在数据透视表中查看不同地区不同商品销售金额的平均值，如图 7-56 所示。

04 设置条件格式：选中数据透视表中的数据单元格，单击【开始】选项卡下【格式】组中的【条件格式】按钮，在弹出的下拉菜单中选择【色阶】|【绿 - 白色阶】选项，如图 7-57 所示。

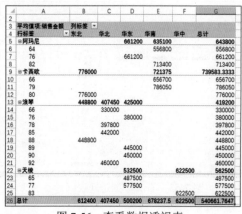

图 7-56　查看数据透视表

图 7-57　选择色阶

05 查看透视表效果：此时数据透视表就按照表格中的数据填充上深浅不一的颜色。通过颜色对比，用户可以很快分析出哪个地区的销售额平均值最高，哪种商品的销售额平均值最高，如图 7-58 所示。

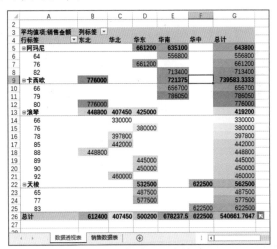

图 7-58　查看透视表效果

7.3.2　使用切片器分析

切片器是 Excel 中自带的一个使用简便的筛选组件，使用切片器可以方便地筛选出数据表中的数据。

要在数据透视表中筛选数据，首先需要插入切片器。

01 单击【插入切片器】按钮：在数据透视表中，选择【数据透视表分析】选项卡，单击【筛选】组中的【插入切片器】按钮，如图 7-59 所示。

02 选择数据项目：打开【插入切片器】对话框，选中需要的数据项目，如【年份】，然后单击【确定】按钮，如图 7-60 所示。

图 7-59　单击【插入切片器】按钮

图 7-60　选择数据项目

03 选择年份：此时打开切片器筛选对话框，选择一个年份，如【2020】年，则会只显示该年份的数据，如图 7-61 所示。

04 清除筛选后选择地区：单击切片器上方的【清除筛选器】按钮 🔽，清除筛选。然后根据上面的方法，重新选择筛选项目，如【地区】，则显示各地区的销售数据，如图 7-62 所示。

图 7-61　选择年份

图 7-62　选择地区

7.3.3　制作数据透视图

数据透视图可以看作是数据透视表和图表的结合，它以图形的形式表示数据透视表中的数据。

◆ 创建数据透视图

在 Excel 2021 中，可以根据数据透视表快速创建数据透视图，从而更加直观地显示数据透视表中的数据。

01 单击【数据透视图】按钮：打开【数据透视表分析】选项卡，在【工具】组中单击【数据透视图】按钮，如图 7-63 所示。

02 选择柱形图：打开【插入图表】对话框，在【柱形图】选项卡中选择【簇状柱形图】选项，然后单击【确定】按钮，如图 7-64 所示。

图 7-63　单击【数据透视图】按钮

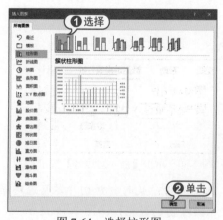

图 7-64　选择柱形图

03 移动数据透视图：打开【数据透视图设计】选项卡，在【操作】组中单击【移动图表】按钮，打开【移动图表】对话框，选中【新工作表】单选按钮，在其中的文本框中输入工作表的名称"数据透视图"，然后单击【确定】按钮，如图7-65所示。

04 查看数据透视图：此时在工作簿中添加一个新工作表"数据透视图"，同时该数据透视图将插入该工作表中，效果如图7-66所示。

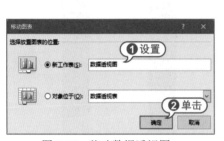
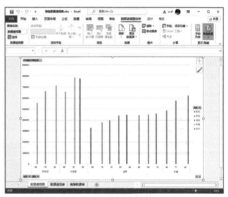

图 7-65　移动数据透视图　　　　　图 7-66　查看数据透视图

❷ 分析数据透视图

数据透视图是一个动态的图表，它通过数据透视图的字段列表和字段按钮来分析和筛选项目。

01 单击按钮：打开【数据透视图分析】选项卡，在【显示/隐藏】组中分别单击【字段列表】和【字段按钮】按钮，显示【数据透视图字段】窗格和字段按钮，如图7-67所示。

02 选择地区项目：单击【地区】字段下拉按钮，从弹出的菜单中只选中【华东】复选框，单击【确定】按钮，如图7-68所示，即可在数据透视图中显示华东地区的项目数据。

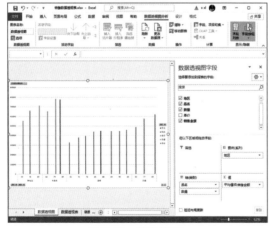

图 7-67　单击按钮　　　　　　　图 7-68　选择地区项目

03 选择商品项目：单击【品名】字段下拉按钮，从弹出的菜单中只选中【浪琴】复选框，单击【确定】按钮，如图 7-69 所示。

04 查看筛选项目：此时在数据透视图中显示华东地区浪琴表的销售数据，如图 7-70 所示。

图 7-69　选择商品项目

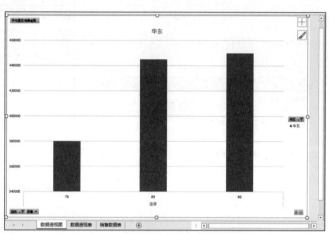

图 7-70　查看筛选项目

✎ 高手点拨

与设计图表操作类似，读者可以为数据透视图设置样式、图表标题、背景墙和基底色等。在数据透视图的【设计】和【格式】选项卡中可以对其进行设置。

7.4 通关练习

扫一扫 看视频

通过前面内容的学习，读者应该已经掌握在 Excel 中使用图表和数据透视表分析数据的方法。下面介绍制作"产品销量调查表"这个案例，用户可以通过练习巩固本章所学知识。

案例解析

通过制作"产品销量调查表"，用户可以更好地掌握制作图表和数据透视表的操作技巧。本节主要介绍关键步骤，其图示和制作流程图分别如图 7-71 和图 7-72 所示。

图示：

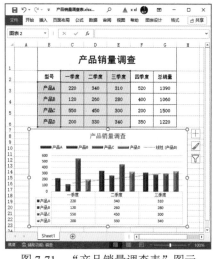

图 7-71 "产品销量调查表"图示

制作流程图：

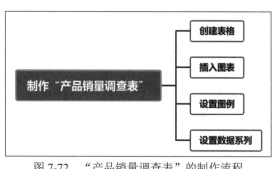

图 7-72 "产品销量调查表"的制作流程

关键步骤

01 创建表格：创建一个名为"产品销量调查表"的空白工作簿后，在 Sheet1 工作表中输入相应的数据，如图 7-73 所示。

02 单击按钮：选择【插入】选项卡，在【图表】组中单击对话框启动按钮，如图 7-74 所示。

图 7-73　输入数据　　　　　　　图 7-74　单击按钮

03 选择柱形图：打开【插入图表】对话框，选中【所有图表】选项卡，然后在【最近】列表框中选中【柱形图】|【簇状柱形图】选项，单击【确定】按钮，如图 7-75 所示。

04 插入图表：此时在工作表中插入如图 7-76 所示的图表。

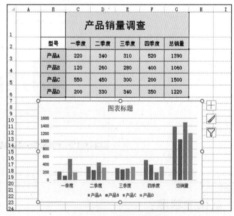

图 7-75　【插入图表】对话框　　　　图 7-76　插入图表

05 设置显示数据表：双击图表标题，然后输入文本"产品销量调查"，选中图表，单击其右侧的【图表元素】按钮，在弹出的列表框中选中【数据表】复选框，如图 7-77 所示，在图表中显示数据表。

06 添加趋势线：在【图表元素】列表框中选中【趋势线】复选框，然后在打开的【添加趋势线】对话框中选中【产品 B】选项并单击【确定】按钮，如图 7-78 所示。

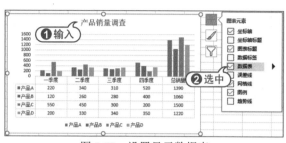

图 7-77　设置显示数据表

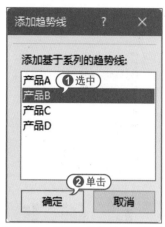

图 7-78　【添加趋势线】对话框

07 设置图表显示内容：单击【图表筛选器】按钮，在弹出的列表中设置图表中显示的内容后，单击【应用】按钮，如图 7-79 所示。

08 设置图例：选中图表，选择【图表设计】选项卡，在【图表布局】组中单击【添加图表元素】按钮，在弹出的菜单中选择【图例】|【顶部】命令，如图 7-80 所示。

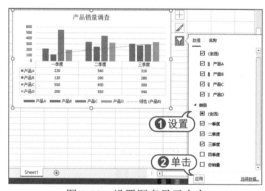

图 7-79　设置图表显示内容

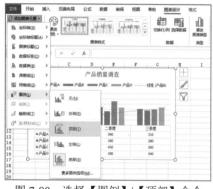

图 7-80　选择【图例】|【顶部】命令

09 更改颜色：在【图表设计】选项卡的【图表样式】组中单击【更改颜色】下拉按钮，在弹出的下拉列表中选择【单色调色板 5】选项，如图 7-81 所示。

10 选择图表元素：选择【格式】选项卡，在【当前所选内容】组中单击【图表元素】下拉按钮，在弹出的下拉列表中选择【系列"产品 A"】选项，如图 7-82 所示。

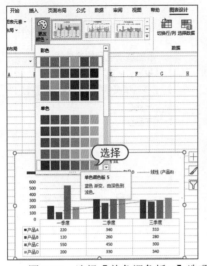

图 7-81　选择【单色调色板 5】选项

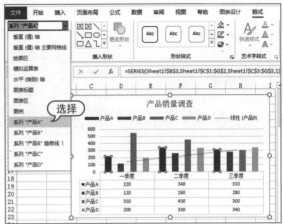

图 7-82　选择【系列"产品 A"】选项

11　设置数据系列：在【格式】选项卡的【形状样式】组中单击对话框启动器按钮，在打开的【设置数据系列格式】窗格中单击【系列选项】按钮，设置【系列重叠】选项的参数为"-100%"；设置【间隙宽度】选项的参数为"160%"，如图 7-83 所示。

12　单击【三维格式】选项：在【设置数据系列格式】窗格中单击【效果】按钮，在打开的列表中单击【三维格式】选项，如图 7-84 所示。

图 7-83　设置数据系列

图 7-84　单击【三维格式】选项

13　选择角度：在打开的选项区域中单击【顶部棱台】按钮，在弹出的选项区域中选择【角度】选项，如图 7-85 所示。

14　单击柱形：在图表中单击一个"系列产品 B"柱形，如图 7-86 所示。

图 7-85　选择【角度】选项

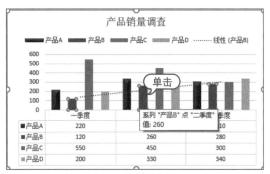

图 7-86　单击柱形

15 设置选中的柱形：参考以上步骤设置选中柱形的效果，完成后的效果如图 7-87 所示。

16 设置其他形状：使用同样的方法设置图表中其他图形的效果，如图 7-88 所示。

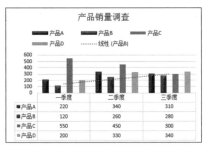

图 7-87　设置选中的柱形

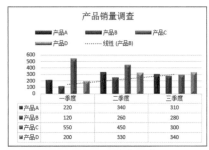

图 7-88　设置其他形状

7.5　专家解疑

如何制作组合图表？

有时在同一图表中需要同时使用两种图表类型，即为组合图表，比如由柱状图和折线图组成的线柱组合图表。

01 选中表格数据，选择【插入】选项卡，单击【图表】组中的【插入柱形图或条形图】下拉按钮，在弹出的下拉列表中选择【簇状柱形图】选项，如图7-89所示。

02 单击图表中橘色的任意一个柱体，则会选中所有橘色的数据柱体，被选中的数据柱体4个角上显示小圆圈符号，如图7-90所示。

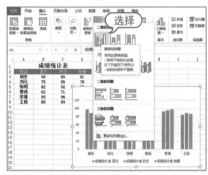

图7-89　选择【簇状柱形图】选项

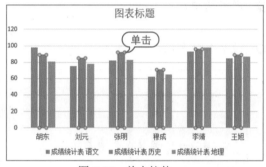

图7-90　单击柱体

03 选择【图表设计】选项卡，单击【更改图表类型】按钮，打开【更改图表类型】对话框，选择【组合图】选项，然后在【为您的数据系列选择图标类型和轴】列表框中单击橘色的【成绩统计表历史】下拉按钮，在弹出的下拉列表中选择【带数据标记的折线图】选项，单击【确定】按钮，如图7-91所示。

04 完成设置后，原来的橘色柱体变为折线，形成线柱组合图表，如图7-92所示。

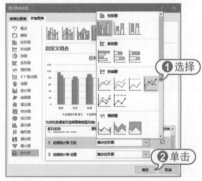

图7-91　【更改图表类型】对话框

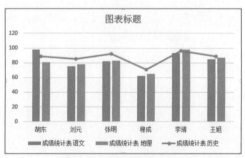

图7-92　线柱组合图表

第8章 编辑幻灯片内容

PowerPoint 2021 是 Office 组件中一款用来制作演示文稿的软件，它为用户提供了丰富的背景和配色方案，用于制作精美的幻灯片效果。本章以制作"产品推广 PPT"和"旅游宣传 PPT"等演示文稿为例，介绍制作和编辑幻灯片的基础操作。

本章要点：

- ✔ 创建演示文稿
- ✔ 编排文字和图片
- ✔ 制作母版
- ✔ 插入音频和视频

文档展示：

8.1 制作"产品推广 PPT"

扫一扫 看视频

案例解析

　　当公司需要向客户介绍公司产品时，就需要用到产品推广 PPT。这类演示文稿包含产品简介、产品亮点、产品服务等信息。要制作"产品推广 PPT"，首先要创建演示文稿，再制作文件的框架如封面、首页、底页、目录等，然后制作内容。其图示和制作流程图分别如图 8-1 和图 8-2 所示。

图示：

图 8-1　"产品推广 PPT"图示

制作流程图：

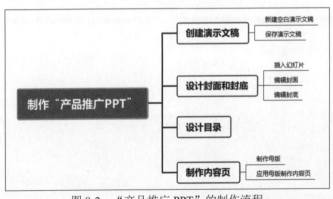

图 8-2　"产品推广 PPT"的制作流程

8.1.1 创建演示文稿

在制作"产品推广"演示文稿前，首先要用 PowerPoint 2021 创建并保存演示文稿。

新建空白演示文稿

空白演示文稿是一种形式最简单的演示文稿，没有应用模板设计、配色方案及动画方案，用户可以自由设计。

01 选择【空白演示文稿】选项：启动 PowerPoint 2021，在打开的界面中选择【空白演示文稿】选项，如图 8-3 所示。

02 查看演示文稿：此时创建名为"演示文稿 1"的空白演示文稿，默认插入一张幻灯片，如图 8-4 所示。

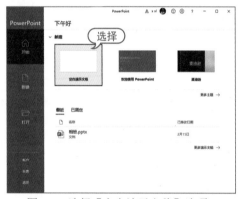

图 8-3 选择【空白演示文稿】选项

图 8-4 创建空白演示文稿

高手答疑

在 PowerPoint 中，除了可以创建最简单的空白演示文稿外，还可以根据自定义模板、现有内容和内置模板创建演示文稿。PowerPoint 提供了许多美观的设计模板，这些设计模板将演示文稿的样式、风格，包括幻灯片的背景、装饰图案、文字布局及颜色、大小等均预先定义好。

保存演示文稿

创建新演示文稿后，需要先进行保存操作。

01 单击【保存】按钮：在新建的演示文稿上，单击快速访问工具栏中的【保存】按钮，如图 8-5 所示。

02 单击【更多选项】链接：打开【保存此文件】对话框，如果直接保存在微软云上，直接单击【保存】按钮，本例需要保存在本地计算机上，则单击【更多选项】链接，如图 8-6 所示。

图 8-5　单击【保存】按钮

图 8-6　单击【更多选项】链接

03 选择【浏览】选项：在打开的界面中选择【浏览】选项，如图 8-7 所示。

04 保存演示文稿：打开【另存为】对话框，设置文件的保存位置，输入文件名，单击【确定】按钮，如图 8-8 所示。

图 8-7　选择【浏览】选项

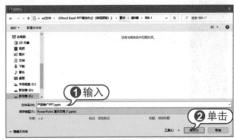

图 8-8　【另存为】对话框

8.1.2　设计封面和封底

创建和保存演示文稿后，就可以制作封面页和封底页了。

插入幻灯片

创建新演示文稿后，PowerPoint 会自动建立一张新的幻灯片，要继续插入幻灯片，可以使用下面的操作。

01 单击【新建幻灯片】按钮：在【开始】选项卡中，单击【新建幻灯片】下拉按钮，在弹出的菜单中选择【空白】选项，如图 8-9 所示。

02 新建幻灯片：此时插入一张新的空白幻灯片，效果如图 8-10 所示。

图 8-9　选择【空白】选项

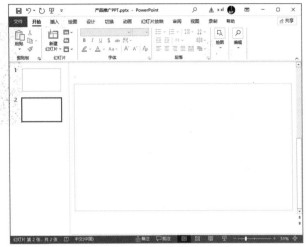

图 8-10　新建幻灯片

② 编辑封面

现在可以选中封面页幻灯片进行内容编排，主要涉及的操作包括插入图片、绘制形状、添加文本框。

01 删除幻灯片中的原有内容：选中封面幻灯片，按下 Ctrl+A 组合键，选中所有内容，如图 8-11 所示，再按 Delete 键，将这些内容删除。

02 选择【此设备】选项：单击【插入】选项卡【图像】组中的【图片】按钮，在弹出的下拉列表中选择【此设备】选项，如图 8-12 所示。

图 8-11　选中并删除幻灯片中的所有内容

图 8-12　选择【此设备】选项

03 选择并插入图片：打开【插入图片】对话框，选中一张图片，单击【插入】按钮，如图 8-13 所示。

04 调整图片的位置和大小：插入图片后，选中该图片，使用鼠标调整其位置和大小，如图 8-14 所示。

图 8-13　【插入图片】对话框　　　　　　　　图 8-14　调整图片

05 裁剪图片：选择【图片格式】选项卡，在【大小】组中单击【裁剪】按钮，通过鼠标调整图片上的裁剪框大小来裁剪图片，如图 8-15 所示。

06 选择裁剪形状：单击【裁剪】下拉按钮，在弹出的菜单中选择【裁剪为形状】|【箭头：五边形】选项，如图 8-16 所示。

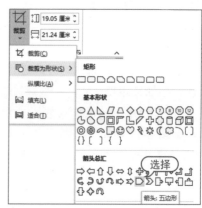

图 8-15　裁剪图片　　　　　　　　图 8-16　选择裁剪形状

07 查看图片形状：此时显示裁剪后的图片形状，如图 8-17 所示。

08 选择【绘制横排文本框】选项：单击【文本框】下拉按钮，在弹出的菜单中选择【绘制横排文本框】选项，如图 8-18 所示。

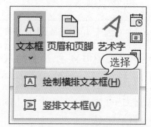

图 8-17　查看图片形状　　　　　　图 8-18　选择【绘制横排文本框】选项

09 绘制文本框并输入文字：在页面中绘制一个文本框，输入文字并设置字体，如图 8-19 所示。

10 继续添加文本框：使用相同的方法，添加横排文本框并输入文本，如图 8-20 所示。

图 8-19　绘制文本框并输入文字

图 8-20　继续添加文本框

③ 编辑封底

幻灯片的封底页完全可以使用与封面页一样的格式排版，因为只是文字内容有所不同，从而保证制作的效率和统一。

01 复制封面页内容：按下 Ctrl+A 组合键，选中封面页中的所有内容，然后按 Ctrl+C 组合键复制内容，如图 8-21 所示。

02 在封底页中粘贴内容：选择封底页幻灯片，单击【开始】选项卡中的【粘贴】按钮，选择下拉菜单中的【使用目标主题】选项，即可粘贴封面页内容，如图 8-22 所示。

图 8-21　复制内容

图 8-22　粘贴内容

03 更改文字：删除第一个文本框内的文字，输入新的文字，然后设置文字格式，如图 8-23 所示。

04 继续更改文字：删除第二个文本框内的文字，输入新的文字，然后设置文字格式，并调整文本框位置，如图 8-24 所示。

图 8-23　输入并设置文字格式

图 8-24　继续输入并设置文字格式

8.1.3　设计目录

在大部分 PPT 里面，目录页是除了封面页外最重要的一页，因为目录页展示的是幻灯片的框架和结构。下面介绍制作目录页的操作方法。

01 插入图片：新建一页空白幻灯片，使用前面的方法插入一张图片，如图 8-25 所示。

02 选择形状：在【插入】选项卡的【插图】组中单击【形状】下拉按钮，在弹出的下拉列表中选择【矩形：折角】选项，如图 8-26 所示。

图 8-25　新建幻灯片并插入图片

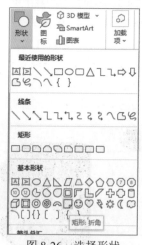

图 8-26　选择形状

03 绘制矩形：绘制一个折角矩形，如图 8-27 所示。

04 调整矩形格式：移动矩形到图片左上方，在【形状格式】选项卡中设置【形状轮廓】为无，【形状填充】为蓝色，如图 8-28 所示。

图 8-27　绘制矩形

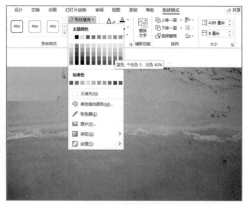

图 8-28　调整矩形格式

05 绘制菱形：参照前面的方法绘制 1 个菱形，然后进行复制和粘贴，形成 3 个菱形，如图 8-29 所示。

06 调整菱形：设置菱形格式（无轮廓，浅蓝色填充）后，单击【对齐对象】按钮，在弹出的下拉菜单中选择【纵向分布】选项，如图 8-30 所示。

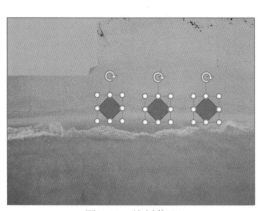

图 8-29　绘制菱形

图 8-30　选择【纵向分布】选项

07 在形状中输入文字：在矩形中输入文字"目录"，设置字体格式为【华为中宋】、字号为【72】，然后在 3 个菱形中输入数字编号，如图 8-31 所示。

08 输入目录文字：添加文本框，输入目录文字并调整目录文字的格式，如图 8-32 所示。

图 8-31　在形状中输入文字

图 8-32　输入目录文字

8.1.4　制作内容页

内容页是幻灯片中页数占比较大的幻灯片类型，用户可以将内容页幻灯片中相同的元素提取出来制作成母版，以方便后期提高制作效果及保证幻灯片的统一性。

◆ 制作母版

在新建幻灯片时，直接选中设计好的母版，就可以添加同样版式的幻灯片内容。

01 进入母版视图：单击【视图】选项卡下的【幻灯片母版】按钮，进入母版视图，如图 8-33 所示。

02 选择版式：选择左侧还没有使用过的版式缩略图，如图 8-34 所示。

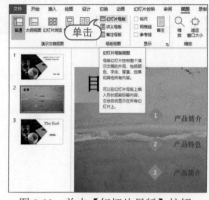

图 8-33　单击【幻灯片母版】按钮

图 8-34　选择版式

03 删除版式内容：在版式中，按下 Ctrl+A 组合键，选中页面中的所有内容元素，再按 Delete 键，删除所有内容，如图 8-35 所示。

04 绘制三角形：在页面中绘制两个三角形形状，设置其位置、大小和形状格式等，如图 8-36 所示。

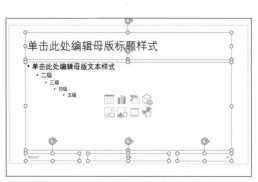

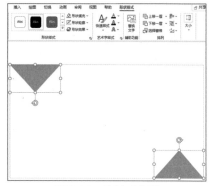

图 8-35　删除版式内容　　　　　图 8-36　绘制三角形

05 添加标题文本框：选中【幻灯片母版】选项卡中的【标题】复选框，在页面中添加一个标题文本框，输入文本并设置字体格式，如图 8-37 所示。

06 选择【重命名版式】命令：为了避免版式混淆，需要为版式重命名。右击版式缩略图，在弹出的快捷菜单中选择【重命名版式】命令，如图 8-38 所示。

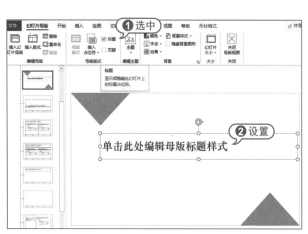

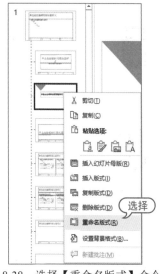

图 8-37　添加标题文本框　　　　　图 8-38　选择【重命名版式】命令

07 输入版式名称：在打开的【重命名版式】对话框中，输入版式的新名称"内容页版式"，单击【重命名】按钮，如图 8-39 所示。

08 关闭母版视图：完成版式设计后，单击【关闭母版视图】按钮，如图 8-40 所示，即可返回普通视图页面。

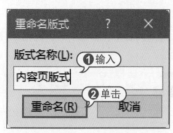

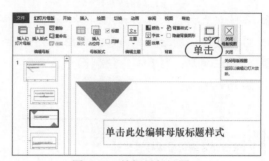

图 8-39 【重命名版式】对话框　　　　　　　　图 8-40　关闭母版视图

应用母版制作内容页

当完成版式设计后，可以直接新建版式幻灯片，制作幻灯片内容页。

01 选择版式新建幻灯片：将光标定位在第 2 张幻灯片后面，表示要在这里新建幻灯片，选择【新建幻灯片】菜单中的【内容页版式】选项，如图 8-41 所示。

02 输入标题并插入图片：利用版式新建幻灯片后，页面中会自动出现版式中所有的设计内容，直接单击标题文本框输入内容，然后再插入一张图片并调整位置和大小，如图 8-42 所示。

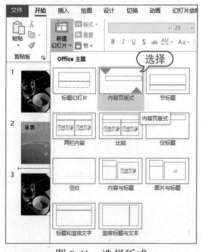

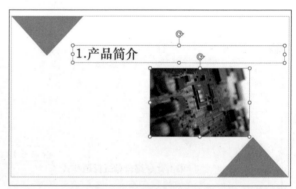

图 8-41　选择版式　　　　　　　　　　　图 8-42　输入标题并插入图片

03 添加文本框：绘制一个横排文本框，在其中输入文字并设置文字格式，效果如图 8-43 所示。

04 完成其他内容页的设计：按照同样的方法，完成其他内容页的设计，效果如图 8-44 所示。

图 8-43　添加文本框

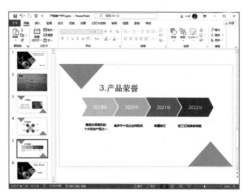

图 8-44　完成其他内容页

Word Excel PPT 高效办公（微视频版）

8.2 制作"旅游宣传 PPT"

案例解析

　　本案例通过制作"旅游宣传 PPT"演示文稿，使用户可以更好地掌握在 PPT 中插入图片、配置主题背景，添加音频和视频等内容。"旅游宣传 PPT"演示文稿的图示和制作流程图分别如图 8-45 和图 8-46 所示。

图示：

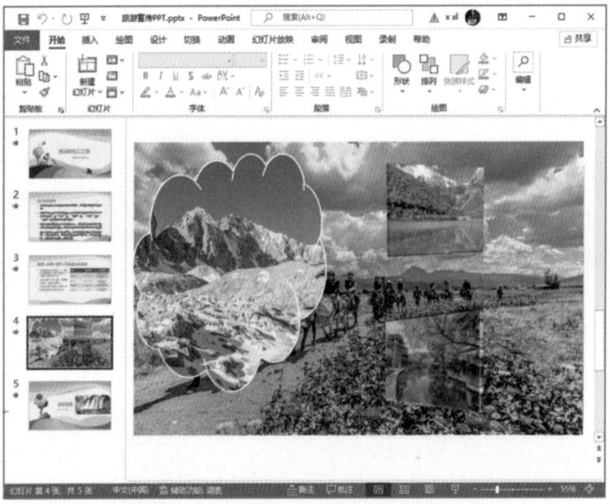

图 8-45　"旅游宣传 PPT"图示

制作流程图：

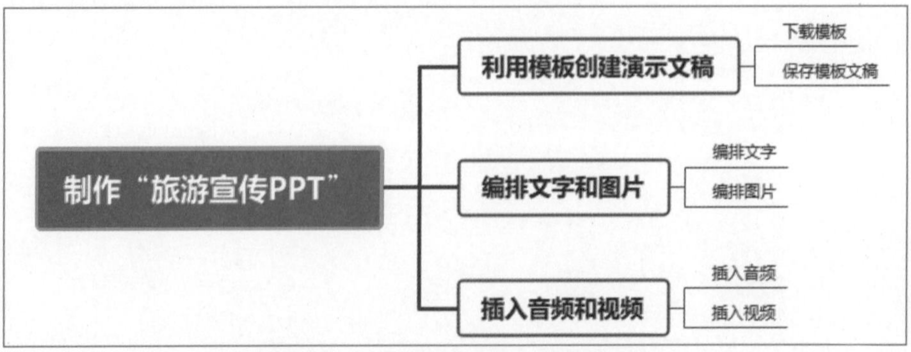

图 8-46　"旅游宣传 PPT"的制作流程

8.2.1 使用模板创建演示文稿

PowerPoint 提供了许多美观的设计模板,这些设计模板将演示文稿的样式、风格,包括幻灯片的背景、装饰图案、文字布局及颜色、大小等均预先定义好。读者在设计演示文稿时可以先选择演示文稿的整体风格,然后进行进一步的编辑和修改。

① 下载模板

使用 PowerPoint 2021 可以联网下载模板。

01 搜索并选择模板:启动 PowerPoint,选择【新建】选项,在文本框内输入"彩虹",按 Enter 键进行搜索,然后选择其中的【彩虹演示文稿】模板,如图 8-47 所示。

02 下载模板:弹出对话框,单击【创建】按钮,下载模板,如图 8-48 所示。

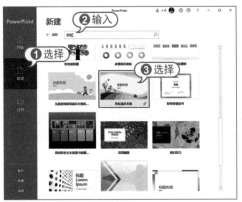

图 8-47　搜索并选择模板

图 8-48　下载模板

② 保存模板文稿

使用模板创建演示文稿后,可以选择路径进行保存。

01 保存模板:模板下载完成后,自动打开文档,单击【保存】按钮,选择【浏览】选项,打开【另存为】对话框,设置名称和路径,单击【保存】按钮,如图 8-49 所示。

02 查看演示文稿:完成模板的下载和保存后,完成创建演示文稿的操作,演示文稿效果如图 8-50 所示。

图 8-49　保存模板

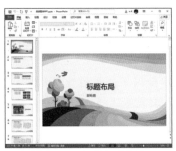

图 8-50　查看演示文稿

8.2.2　编排文字和图片

文本对文稿中的主题、问题的说明与阐述具有其他方式不可替代的作用，然而只有文本幻灯片会显得单调，添加图片可以丰富幻灯片的内容。

① 编排文字

要编排文字，只需要在模板中的文本框内更改文字和格式即可。

01 删除不需要的内容：下载后的模板中很多内容都不需要，用户只需选中不需要的幻灯片缩略图，按 Delete 键删除即可，效果如图 8-51 所示。

02 输入封面文字：选择第 1 张幻灯片作为封面，输入封面文字，如图 8-52 所示。

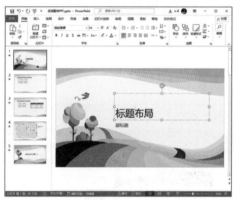

图 8-51　删除幻灯片　　　　　　　　　　图 8-52　输入封面文字

03 输入封底文字：选择第 5 张幻灯片作为封底，输入封底文字，如图 8-53 所示。

04 输入第 2 张幻灯片的文字：打开第 2 张幻灯片，在文本框内输入标题和内容文本，设置字体格式，如图 8-54 所示。

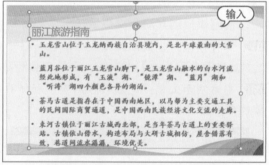

图 8-53　输入封底文字　　　　　　　　　图 8-54　输入第 2 张幻灯片的文字

05 输入第 3 张幻灯片的文字：打开第 3 张幻灯片，在文本框内输入标题和内容文本，设置字体格式，如图 8-55 所示。

06 添加表格行：在第 3 张幻灯片中选中表格对象，在【布局】选项卡中单击【在下方插入】按钮，为表格添加一行，如图 8-56 所示。

图 8-55　输入第 3 张幻灯片的文字

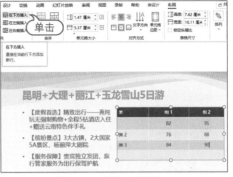

图 8-56　添加表格行

07 在表格中输入文字：在表格中输入并设置文字，如图 8-57 所示。

08 调整第 4 张幻灯片：打开第 4 张幻灯片，删除标题文本框，效果如图 8-58 所示。

图 8-57　在表格中输入文字

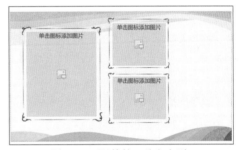

图 8-58　调整第 4 张幻灯片

编排图片

在幻灯片中插入图片，可以更生动形象地阐述其主题和要表达的思想。在 PowerPoint 中，还可以将图片以绘制的形状的状态呈现。

01 单击【图片】按钮：在第 4 张幻灯片中，单击框内的【图片】按钮，如图 8-59 所示。

02 选择并插入图片：打开【插入图片】对话框，选择需要的图片后，单击【插入】按钮，如图 8-60 所示。

图 8-59　单击【图片】按钮

图 8-60　【插入图片】对话框

03 查看图片：此时在图片框内显示图片，用户可以设置其大小，如图 8-61 所示。

04 插入其他图片：使用同样的方法在另两个框内插入图片，如图 8-62 所示。

图 8-61　查看图片　　　　　　　　　图 8-62　插入其他图片

05 选择【此设备】命令：除了可以使用图片框内的按钮添加图片，也可以选择命令添加图片。单击【插入】选项卡中的【图片】按钮，选择【此设备】命令，如图 8-63 所示。

06 选择并插入图片：在弹出的【插入图片】对话框中选择需要的图片后，单击【插入】按钮，如图 8-64 所示。

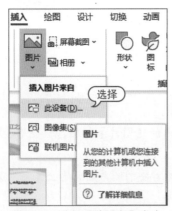

图 8-63　选择【此设备】命令　　　　　图 8-64　选择并插入图片

07 选择【置于底层】命令：设置图片的大小和位置，然后在【图片格式】选项卡的【排列】组中，单击【下移一层】按钮，选择【置于底层】命令，如图 8-65 所示。

08 设置图片样式：选择右上图，在【图片格式】选项卡中选择一种图片样式，如图 8-66 所示。

图 8-65 选择【置于底层】命令　　　　　　图 8-66 选择图片样式

09 设置图片效果：选择右上图，在【图片格式】选项卡中单击【图片效果】按钮，在弹出的下拉菜单中选择一种图片效果，如图 8-67 所示。

10 裁剪图片：选择左图，单击【裁剪】下拉按钮，在弹出的菜单中选择【裁剪为形状】|【云形】选项，如图 8-68 所示。

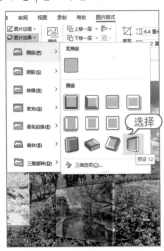

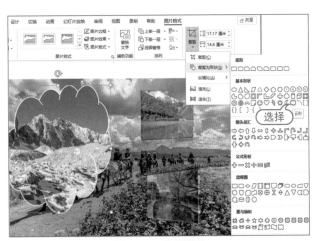

图 8-67 选择图片效果　　　　　　　　图 8-68 裁剪图片

8.2.3 插入音频和视频

在制作幻灯片时，用户可以根据需要插入音频和视频，从而向观众增加传递信息的通道，增强演示文稿的感染力。

① 插入音频

PowerPoint 2021 允许读者为演示文稿插入多种类型的声音文件，包括各种采集的模拟声音和数字音频等。

01 单击【音频】按钮：选择第 1 张幻灯片，在【插入】选项卡的【媒体】组中单击【音频】下拉按钮，选择【PC 上的音频】命令，如图 8-69 所示。

02 选择并插入音频：打开【插入音频】对话框，选择一个音频文件，单击【插入】按钮，如图 8-70 所示。

图 8-69　选择【PC 上的音频】命令　　　　图 8-70　【插入音频】对话框

03 显示声音图标：此时将出现声音图标，如图 8-71 所示，使用鼠标将其拖动到幻灯片的右上角，单击【播放】按钮▶可以播放声音。

04 设置音频播放：在【播放】选项卡中选中【放映时隐藏】复选框，然后单击【在后台播放】按钮，如图 8-72 所示。

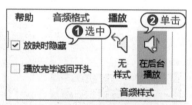

图 8-71　显示声音图标　　　　图 8-72　设置音频播放

插入视频

PowerPoint 支持的视频格式随着媒体播放器的不同而有所不同，插入视频方式主要有从文件插入和从网站插入等。

01 单击【视频】按钮：选择第 5 张幻灯片，打开【插入】选项卡，在【媒体】组单击【视频】下拉按钮，选择【此设备】命令，如图 8-73 所示。

02 选择并插入视频：打开【插入视频文件】对话框，打开文件的保存路径，选择视频文件，单击【插入】按钮，如图 8-74 所示。

图 8-73　选择【此设备】命令　　　　图 8-74　【插入视频文件】对话框

03 查看视频：此时将出现视频窗口，调整其位置和大小，单击【播放】按钮即可播放视频，如图 8-75 所示。

04 设置视频样式：打开【视频格式】选项卡，在【视频样式】下拉列表框内选择一种视频样式，如图 8-76 所示，完成该演示文稿的制作。

图 8-75　查看视频　　　　　　　图 8-76　设置视频样式

Word Excel PPT 高效办公（微视频版）

8.3 通关练习

通过前面内容的学习，读者应该已经掌握在 PowerPoint 2021 中编排幻灯片内容、插入图片的方法。下面介绍制作"销售报表 PPT"这个案例，用户可以通过练习巩固本章所学知识。

扫一扫 看视频

案例解析

通过制作"销售报表 PPT"，读者可以更好地掌握插入表格和 SmartArt 图形的操作技巧。本节主要介绍关键步骤，其图示和制作流程图分别如图 8-77 和图 8-78 所示。

图示：

图 8-77　"销售报表 PPT"图示

制作流程图：

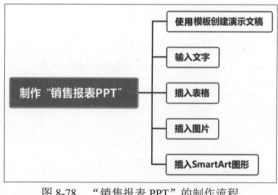

图 8-78　"销售报表 PPT"的制作流程

关键步骤

01 使用模板创建演示文稿：根据【幻灯片】模板新建一个演示文稿，如图 8-79 所示。

02 新建幻灯片：单击【新建幻灯片】按钮，在弹出的下拉菜单中选择【标题和内容】选项，新建 3 张幻灯片，如图 8-80 所示。

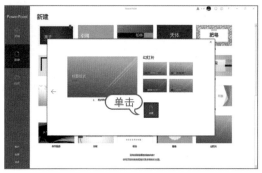

图 8-79　使用模板创建演示文稿　　　　图 8-80　新建幻灯片

03 输入文字：选择第 1 张幻灯片，输入文字并设置文字格式，如图 8-81 所示。

04 插入表格：选择第 2 张幻灯片，输入标题文字后，在【插入】选项卡中单击【表格】按钮，在弹出的下拉菜单中选择【插入表格】命令，插入行为 5，列为 2 的表格，如图 8-82 所示。

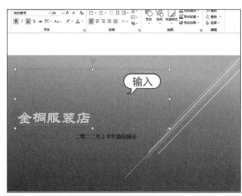
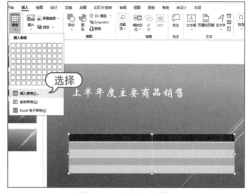

图 8-81　输入文字　　　　　　　　　　图 8-82　插入表格

05 设置表格：选中表格，设置表格的底纹和外框，然后输入表格内的文字，如图 8-83 所示。

06 插入图片：选择第 3 张幻灯片，在【插入】选项卡中单击【图片】按钮，打开【插入图片】对话框，选择并插入图片，如图 8-84 所示。

图 8-83　设置表格

图 8-84　插入图片

07 设置图片：设置图片的大小和位置，并在【图片格式】选项卡内设置图片的样式和效果，效果如图 8-85 所示。

08 选择 SmartArt 图形：选择第 4 张幻灯片，在【插入】选项卡中单击【SmartArt】按钮，打开【选择 SmartArt 图形】对话框，选择【基本流程】选项，单击【确定】按钮，如图 8-86 所示。

图 8-85　设置图片

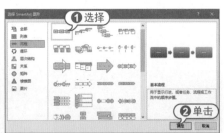

图 8-86　【选择 SmartArt 图形】对话框

09 更改颜色：选中 SmartArt 图形，在后面添加 3 个形状，在【SmartArt 设计】选项卡的【SmartArt 样式】组中单击【更改颜色】下拉按钮，在弹出的下拉列表框中选择一种颜色样式，如图 8-87 所示。

10 更改布局：在【SmartArt 设计】选项卡的【版式】组中单击【其他】按钮，从弹出的列表中选择【其他布局】命令，打开【选择 SmartArt 图形】对话框，在【流程】列表框中选择【连续块状流程】选项，单击【确定】按钮，如图 8-88 所示。

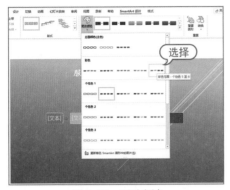

图 8-87　更改颜色

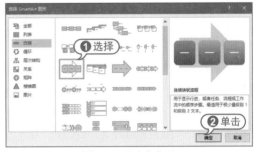

图 8-88　`更改布局

11 添加文字：在 SmartArt 图形的形状中输入相关文字，如图 8-89 所示。

12 更改图形形状：在【格式】选项卡中设置形状的大小，然后选中【店长】形状，在【格式】选项卡的【形状】组中单击【更改形状】按钮，在弹出的列表中选择【六边形】选项以更改形状，效果如图 8-90 所示。

图 8-89　添加文字

图 8-90　更改形状

8.4 专家解疑

① 如何在幻灯片中插入图表？

插入图表的方法与插入图片的方法类似，都是在【插入】选项卡中进行操作。

01 打开【插入】选项卡，在【插图】组中单击【图表】按钮，打开【插入图表】对话框，选择一个图表类型选项，单击【确定】按钮，如图 8-91 所示。

02 此时打开 Excel 2021 应用程序，在其工作界面中修改类别值和系列值，此时图表将添加到幻灯片中，如图 8-92 所示。

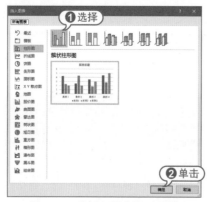

图 8-91　【插入图表】对话框

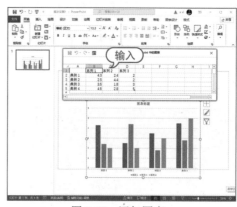

图 8-92　添加图表

② 如何调整幻灯片中视频的时长？

要调整幻灯片中视频的时长，可以在其视频的【播放】选项卡中进行设置。

01 选中视频，打开其【播放】选项卡，在【编辑】组中单击【剪裁视频】按钮，如图 8-93 所示。

02 打开【剪裁视频】对话框，在其中拖动进度条中的绿色滑块设置影片的开始时间，拖动红色滑块设置影片的结束时间。确定剪裁的视频段落后，单击【确定】按钮，如图 8-94 所示，完成剪裁时长操作。

图 8-93　单击【剪裁视频】按钮

图 8-94　【剪裁视频】对话框

第9章 幻灯片动画设计

在使用幻灯片对产品进行展示时，为使幻灯片内容更具吸引力和显示效果更加丰富，常常需要添加各种动画效果。本章以设置"公司宣传PPT"等为例，介绍幻灯片中动画的制作及设置动画选项等内容。

◉ **本章要点：**

- ✔ 设置切换动画效果
- ✔ 设置动画选项
- ✔ 设置对象动画效果
- ✔ 设置动画触发器

◉ **文档展示：**

9.1 为"公司宣传PPT"设置动画效果

案例解析

  当公司需要向内部员工或者外部人员讲解企业文化和成果时，需要制作"公司宣传PPT"做展示之用。为了增强展示效果，通常要为幻灯片设置动画切换效果及内容动画效果。其图示和制作流程图分别如图9-1和图9-2所示。

扫一扫 看视频

图示：

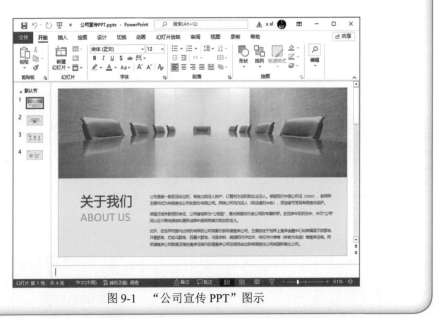

图9-1 "公司宣传PPT"图示

制作流程图：

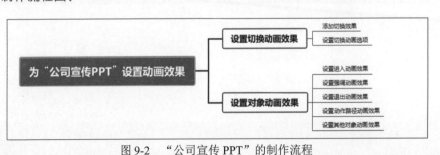

图9-2 "公司宣传PPT"的制作流程

9.1.1 设置切换动画效果

幻灯片切换动画效果是指一张幻灯片如何从屏幕上消失，以及另一张幻灯片如何显示在屏幕上的方式。在 PowerPoint 中，可以为一组幻灯片设置同一种切换方式，也可以为每张幻灯片设置不同的切换方式。

① 添加切换效果

本例将对不同的幻灯片应用不同的切换动画效果。

01 选择切换动画：启动 PowerPoint 2021，打开"公司宣传 PPT"演示文稿，选择第 1 张幻灯片，单击【切换】选项卡的【切换到此幻灯片】组中的▾按钮，在弹出的切换动画下拉菜单中，选择【华丽】效果组中的【门】动画，如图 9-3 所示。

02 预览切换动画效果：单击【切换】选项卡【预览】组中的【预览】按钮，将会播放该幻灯片的切换效果，如图 9-4 所示。

图 9-3 选择【门】动画

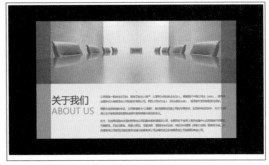
图 9-4 预览切换动画效果

03 设置第 2 张幻灯片切换动画：选中第 2 张幻灯片，选择【淡入 / 淡出】动画，如图 9-5 所示。

04 设置第 3 张幻灯片切换动画：选中第 3 张幻灯片，选择【库】动画，如图 9-6 所示。

图 9-5 选择【淡入 / 淡出】动画

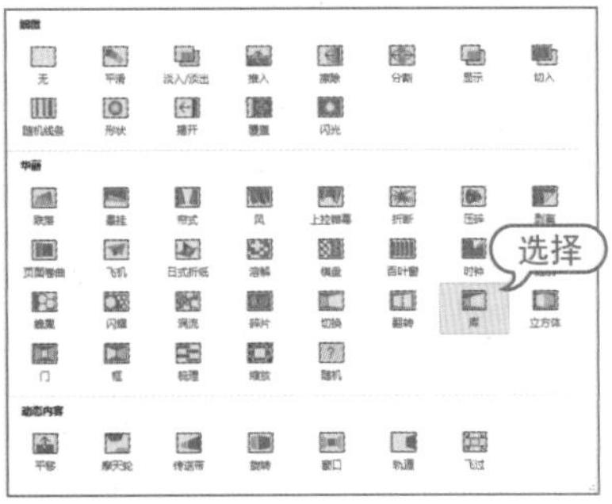

图 9-6 选择【库】动画

05 设置第4张幻灯片切换动画：选中第4张幻灯片，选择【旋转】动画，如图9-7所示。

06 预览设置动画后的幻灯片：单击【切换】选项卡【预览】组中的【预览】按钮，播放几张幻灯片的切换动画效果，如图9-8所示。

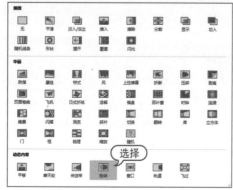

图9-7　选择【旋转】动画

图9-8　预览切换动画效果

设置切换动画选项

添加切换动画后，还可以对切换动画进行设置，如设置切换动画的声音效果、持续时间和换片方式等，从而使幻灯片的切换效果更为逼真。

01 设置切换动画的声音效果：选择【切换】选项卡，在【计时】组中单击【声音】下拉按钮，从弹出的下拉菜单中选择【风铃】选项，如图9-9所示。

02 设置持续时间：在【计时】组中将【持续时间】设置为"01.50"，并选中【单击鼠标时】复选框，如图9-10所示。

图9-9　设置切换动画的声音效果

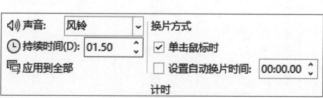

图9-10　设置持续时间

9.1.2 设置对象动画效果

读者可以对幻灯片中的文字、图形、表格等对象添加不同的动画效果,如进入动画、强调动画、退出动画和动作路径动画等。

① 设置进入动画效果

进入动画用于设置文本或其他对象以多种动画效果进入放映屏幕。在添加该动画效果之前需要先选中对象。

01 添加【浮入】效果:选中第 1 张幻灯片中的图片,在【动画】组中选择【浮入】选项,为图片对象设置一个【浮入】效果的进入动画,如图 9-11 所示。

02 选择【更多进入效果】选项:选中幻灯片中左下方的"关于我们"文本框,在【动画】选项卡的【高级动画】组中单击【添加动画】下拉按钮,在弹出的下拉列表中选择【更多进入效果】选项,如图 9-12 所示。

图 9-11 添加【浮入】效果

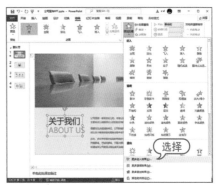

图 9-12 选择【更多进入效果】选项

03 选择【挥鞭式】选项:打开【添加进入效果】对话框,选择【挥鞭式】选项后,单击【确定】按钮,如图 9-13 所示。

04 设置【上浮】效果:选中幻灯片右下角的文本框,在【动画】选项卡的【动画】组中选择【浮入】选项,单击【效果选项】下拉按钮,在弹出的下拉列表中选择【上浮】选项,如图 9-14 所示。

图 9-13 【添加进入效果】对话框

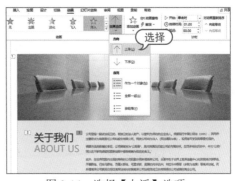

图 9-14 选择【上浮】选项

05 在动画窗格中选择【计时】选项：在【动画】选项卡的【动画】组中单击【动画窗格】按钮，打开动画窗格，选中编号为 3 的动画，右击鼠标，在弹出的快捷菜单中选择【计时】选项，如图 9-15 所示。

06 设置计时选项：打开【上浮】对话框的【计时】选项卡，单击【开始】下拉按钮，在弹出的下拉列表中选择【与上一动画同时】选项，在【延迟】文本框中输入 0.5，单击【确定】按钮，如图 9-16 所示。

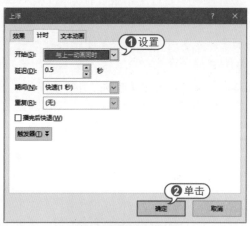

图 9-15　选择【计时】选项　　　　　图 9-16　设置计时选项

设置强调动画效果

强调动画是为了突出幻灯片中的某部分内容而设置的特殊动画效果，添加强调动画的过程和添加进入效果的过程基本相同。

01 添加【陀螺旋】动画：选中第 2 张幻灯片中间的圆形，在【动画】组中选中【强调】|【陀螺旋】选项，为图片对象设置强调动画，如图 9-17 所示。

02 选择【更多强调效果】选项：按住 Ctrl 键选中幻灯片中的 6 个图标，在【动画】选项卡中单击【添加动画】下拉按钮，从弹出的下拉列表中选择【更多强调效果】选项，如图 9-18 所示。

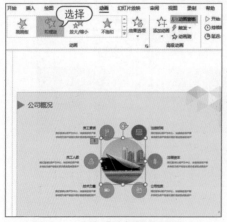
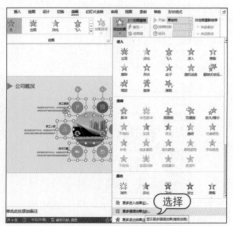

图 9-17　选中【陀螺旋】选项　　　　　图 9-18　选择【更多强调效果】选项

03 选择【脉冲】选项：打开【添加强调效果】对话框，选择【脉冲】选项后，单击【确定】按钮，如图 9-19 所示。

04 显示动画：此时打开动画窗格，显示 6 个图标的动画效果，如图 9-20 所示。

图 9-19　【添加强调效果】对话框

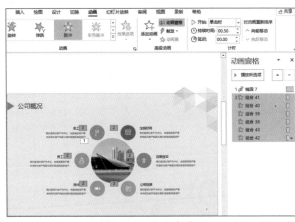

图 9-20　显示动画

③ 设置退出动画效果

退出动画用于设置幻灯片中的对象退出屏幕的效果。添加退出动画效果的过程和添加进入、强调动画效果基本相同。

01 选择【擦除】动画：选中第 4 张幻灯片右侧的两个文本框，在【动画】组中选择【退出】|【擦除】选项，为图片对象设置退出动画，如图 9-21 所示。

02 设置效果选项：在【动画】选项卡的【动画】组中单击【效果选项】下拉按钮，在弹出的下拉列表中选择【自顶部】选项，如图 9-22 所示。

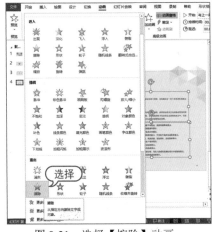

图 9-21　选择【擦除】动画

图 9-22　设置效果选项

4 设置动作路径动画效果

动作路径动画可以指定文本等对象沿着预定的路径运动。PowerPoint 2021 中的动作路径不仅提供了大量预设路径效果，还可以由读者自定义路径动画。

01 选择【直线】动画：选中第 4 张幻灯片左上角的飞镖图形，单击【添加动画】下拉按钮，在弹出的下拉列表中选择【动作路径】|【直线】选项，如图 9-23 所示。

02 拖动路径动画：按住鼠标左键拖动路径动画的目标为圆形图形的正中，如图 9-24 所示。

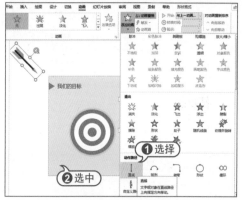

图 9-23　选择【直线】动画

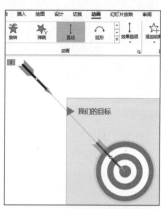

图 9-24　拖动路径动画

5 设置其他对象动画效果

接下来需要设置幻灯片更多的对象动画效果，并调整动画之间的顺序，使幻灯片动画连接得更加顺畅。

01 添加【飞入】动画：选中第 2 张幻灯片中的 6 个文本框，在【动画】选项卡的【动画】组中选择【进入】|【飞入】动画效果，如图 9-25 所示。

02 选择【自左侧】选项：按住 Ctrl 键选中幻灯片左侧的 3 个文本框，在【动画】选项卡的【动画】组中单击【效果选项】下拉按钮，在弹出的下拉列表中选择【自左侧】选项，如图 9-26 所示。

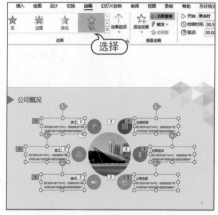

图 9-25　添加【飞入】动画

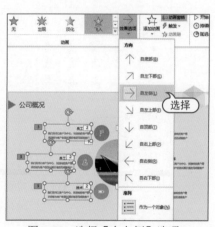

图 9-26　选择【自左侧】选项

03 选择【自右侧】选项：按住 Ctrl 键选中幻灯片右侧的 3 个文本框，在【动画】选项卡的【动画】组中单击【效果选项】下拉按钮，在弹出的下拉列表中选择【自右侧】选项，如图 9-27 所示。

04 添加【缩放】动画：选中第 3 张幻灯片，然后选中幻灯片中的 3 个圆形图形，在【动画】选项卡的【动画】组中选择【进入】|【缩放】动画效果，如图 9-28 所示。

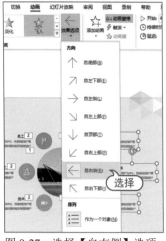

图 9-27 选择【自右侧】选项

图 9-28 添加【缩放】动画

05 添加【浮入】动画：按住 Ctrl 键选中幻灯片中的图片和文本框，在【动画】组中选择【进入】|【浮入】动画效果，如图 9-29 所示。

06 添加【脉冲】动画：按住 Ctrl 键选中幻灯片中的 3 个三角形图形，在【动画】组中选择【强调】|【脉冲】动画效果，如图 9-30 所示。

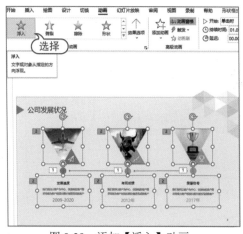

图 9-29 添加【浮入】动画

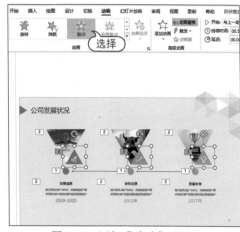

图 9-30 添加【脉冲】动画

07 添加【擦除】动画：选中幻灯片中的直线形状，单击【添加动画】下拉按钮，从弹出的下拉列表中为图形添加【退出】|【擦除】动画，如图 9-31 所示。

08 调整动画顺序：读者可以根据需要调整动画的顺序。打开动画窗格，选择第 4 个动画组，选中并拖曳到第 1 个动画组后，如图 9-32 所示。

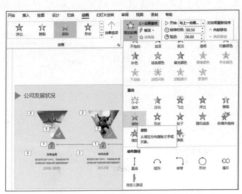

图 9-31　添加【擦除】动画　　　　　　　图 9-32　调整动画顺序

09 查看动画调序后的动画窗格：动画向前移动后，由原来的第 4 组动画变为了第 2 组动画，如图 9-33 所示。

10 放映幻灯片：完成以上设置后，按下 F5 键放映幻灯片，即可观看动画的播放效果，如图 9-34 所示。

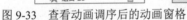

图 9-33　查看动画调序后的动画窗格　　　　　图 9-34　放映幻灯片

9.2 控制"公司宣传PPT"动画播放

"公司宣传 PPT"动画效果制作完毕后,需要在幻灯片中设置动画播放选项,或者使用触发器控制动画播放。其图示和制作流程图分别如图 9-35 和图 9-36 所示。

扫一扫 看视频

图示:

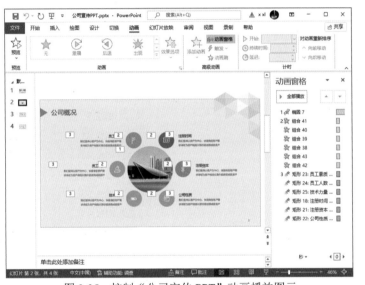

图 9-35 控制"公司宣传 PPT"动画播放图示

制作流程图:

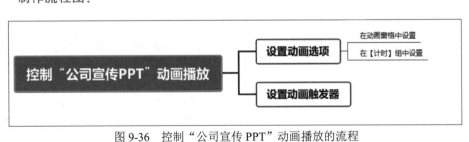

图 9-36 控制"公司宣传 PPT"动画播放的流程

9.2.1 设置动画选项

除了控制动画顺序和动画声音外，如果默认的动画效果不能满足用户实际需求，则可以通过动画窗格或【计时】选项卡进行动画计时等设置。

◈ 在动画窗格中设置

在动画窗格中可以查看和设置动画的顺序、计时等选项，还可以将多个动画合并。

01 选择【从上一项开始】命令：启动 PowerPoint 2021，打开"公司宣传 PPT"演示文稿，选择第 2 张幻灯片，打开【动画】选项卡，在【高级动画】组中单击【动画窗格】按钮，打开动画窗格，选中第 2 组动画并右击，选择弹出菜单中的【从上一项开始】命令，如图 9-37 所示，表示第 2 组动画将在第 1 组动画播放时一起播放，无须单击鼠标。

02 合并动画：此时两组动画合并为一组动画，如图 9-38 所示。

图 9-37 选择【从上一项开始】命令

图 9-38 合并动画

03 选择【计时】命令：在动画窗格中选中第 1 组动画，右击，从弹出的快捷菜单中选择【计时】命令，如图 9-39 所示。

04 设置计时：打开【陀螺旋】对话框的【计时】选项卡，在【期间】下拉列表中选择【中速 (2 秒)】选项，在【重复】下拉列表中选择【直到下一次单击】选项，然后单击【确定】按钮，如图 9-40 所示。

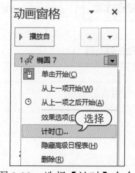

图 9-39 选择【计时】命令

图 9-40 设置计时

②在【计时】组中设置

在【动画】选项卡的【计时】组中也可以设置动画计时等选项。

01 对动画重新排序：选中第3张幻灯片，在动画窗格中选择第2组动画，在【动画】选项卡的【计时】组中的【对动画重新排序】下单击【向后移动】按钮，如图9-41所示。

02 改变顺序：此时原来的第2组动画移到下一组动画后，变成了第3组动画，如图9-42所示。

图9-41　单击【向后移动】按钮

图9-42　改变顺序

03 选择【上一动画之后】选项：选择第2组动画，在【计时】组中单击【开始】下拉按钮，从弹出的下拉菜单中选择【上一动画之后】选项，如图9-43所示，此时，第2组动画将在第1组动画播放完后自动开始播放，无须单击鼠标。

04 设置计时选项：选择第4组动画，在【计时】组中单击【开始】下拉按钮，选择【上一动画之后】选项，并在【持续时间】和【延迟】文本框中都输入"01.00"，如图9-44所示。

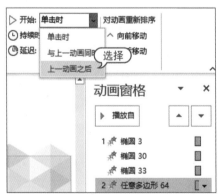

图9-43　选择【上一动画之后】选项

图9-44　设置计时选项

9.2.2 设置动画触发器

在放映幻灯片时，使用触发器功能，可以在单击幻灯片中的对象时显示动画效果。

01 选择形状：选中第 4 张幻灯片，在【插入】选项卡中单击【形状】按钮，在弹出的菜单中选择【矩形：圆角】形状，如图 9-45 所示。

02 绘制触发器按钮：在幻灯片中绘制矩形按钮，添加文字"点击"，设置形状样式和字体格式，如图 9-46 所示。

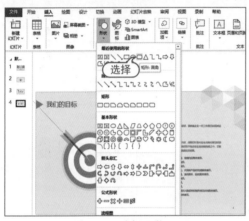

图 9-45　选择形状

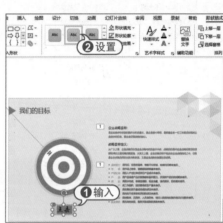

图 9-46　绘制按钮

03 设置触发：选择要触发的对象，比如选择动画窗格中的第 2 组动画，然后在【动画】选项卡的【高级动画】组中单击【触发】按钮，从弹出的菜单中选择【通过单击】|【矩形：圆角 2】选项，如图 9-47 所示。

04 在播放时单击按钮：按 Shift+F5 键，进入幻灯片放映状态，单击【点击】按钮，即可播放箭头中靶的动画，如图 9-48 所示。

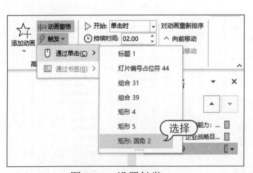

图 9-47　设置触发

图 9-48　单击按钮

9.3　通关练习

通过前面内容的学习，读者应该已经掌握在 PowerPoint 2021 中设置动画效果的方法，下面介绍制作"商务计划书 PPT"动画效果这个案例，用户可以通过练习巩固本章所学知识。

案例解析

商务计划书包含公司团队介绍、项目产品介绍，以及未来发展计划等内容。在其中添加动画效果和设置动画选项，能够更好地展现 PPT 内容。本节主要介绍关键步骤，其图示和制作流程图分别如图 9-49 和图 9-50 所示。

图示：

图 9-49　"商务计划书 PPT"图示

制作流程图：

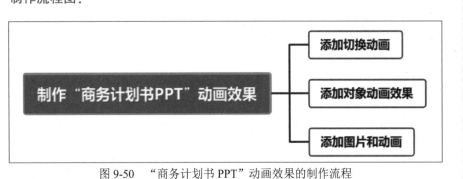

图 9-50　"商务计划书 PPT"动画效果的制作流程

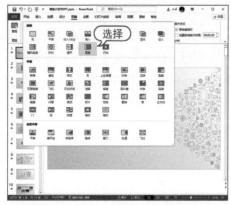

关键步骤

01 添加【覆盖】切换动画：打开"商务计划书 PPT"演示文稿，选中第 1 张幻灯片，选择【切换】选项卡下的【覆盖】动画，如图 9-51 所示。

02 添加【立方体】切换动画：选中第 3 张幻灯片，为其添加【立方体】切换动画，如图 9-52 所示。按照同样的方法为其余幻灯片添加切换动画。

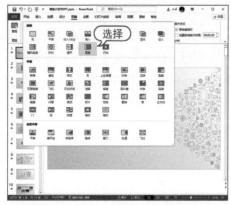

图 9-51　添加【覆盖】切换动画　　　　图 9-52　添加【立方体】切换动画

03 添加【浮入】动画：在第 1 张幻灯片中，选中左上角的组合图形，在【动画】选项卡中选择【浮入】动画，如图 9-53 所示。

04 设置【浮入】动画效果：设置【浮入】动画效果为【下浮】，设置【计时】组中的【持续时间】为"00.50"，如图 9-54 所示。

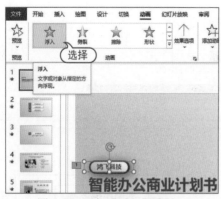

图 9-53　添加【浮入】动画　　　　　　图 9-54　设置【浮入】动画效果

05 添加【空翻】动画：选中文本框，打开【添加进入效果】对话框，选择【空翻】选项，单击【确定】按钮，如图 9-55 所示。

06 添加【擦除】动画：选中左边的线条，添加【擦除】动画，选择效果为【自左侧】。使用同样的方法，为这根线条右边的 3 根线条设置相同的动画效果，如图 9-56 所示。

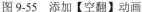

图 9-55　添加【空翻】动画

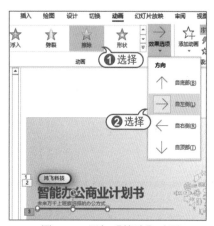

图 9-56　添加【擦除】动画

07 添加图片和动画：插入一张图片，然后设置图片的大小和位置，并为该图片添加【伸缩】动画，如图 9-57 所示。

08 添加【飞入】动画：选中右边的图形，为其添加【飞入】动画，选择效果为【自右侧】，在【计时】组中设置参数，如图 9-58 所示。

图 9-57　添加图片和动画

图 9-58　添加【飞入】动画

09 添加动画效果：使用相同的方法，为其他幻灯片中的各个对象添加不同的动画效果，并设置动画选项，如图 9-59 所示。

10 查看动画播放效果：按 F5 键从头开始放映幻灯片，预览动画效果，如图 9-60 所示。

Word Excel PPT 高效办公（微视频版）

图 9-59　添加动画效果　　　　　　　图 9-60　放映幻灯片

9.4　专家解疑

如何设置动画播放后的显示效果？

幻灯片中对象的动画播放完毕后，默认情况下会以其原始状态自动显示在幻灯片中，如果读者想让对象的动画播放完毕后，采用其他的方式显示出来，可按照以下方法进行操作。

01 打开动画窗格，单击要设置对象的右侧的下三角按钮，从弹出的下拉列表中选择【效果选项】命令，如图 9-61 所示。

02 打开对话框，切换至【效果】选项卡，单击【动画播放后】右侧的下三角按钮，从弹出的下拉列表中选择动画播放后的效果即可。例如，可选择动画播放后变成其他颜色、播放后隐藏、播放后不变暗等，如图 9-62 所示。

图 9-61　选择【效果选项】命令

图 9-62　设置【动画播放后】的效果

第10章 设计交互式PPT

在 PowerPoint 中，可以为幻灯片中的文本、图像等对象添加超链接或者动作按钮。当放映幻灯片时，单击添加了超链接的文本或动作按钮，程序将自动跳转到指定的页面，或者执行指定的程序。演示文稿不再是从头到尾播放的模式，而是具有了一定的交互性，能够按照预先设定的方式进行播放。本章以制作"公司产品简介 PPT"幻灯片为例，介绍幻灯片中的快速跳转等内容。

本章要点：

- 添加超链接
- 制作动作按钮
- 设置屏幕提示信息
- 打包演示文稿

文档展示：

10.1 给"公司产品简介PPT"添加超链接

案例解析

　　超链接是指向特定位置或文件的一种连接方式，可以利用它指定程序的跳转位置。在"公司产品简介PPT"中，可以显示的对象几乎都可以作为超链接的载体，最常见的是目录的交互，即单击某个目录便跳转到相应的内容页面，也可以为内容对象添加交互对象。给"公司产品简介PPT"添加超链接的图示和制作流程图分别如图 10-1 和图 10-2 所示。

扫一扫 看视频

图示：

图 10-1　给"公司产品简介PPT"添加超链接图示

制作流程图：

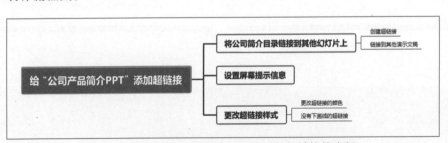

图 10-2　给"公司产品简介PPT"添加超链接的流程

10.1.1　将公司简介目录链接到其他幻灯片上

在"公司产品简介 PPT"中添加目录链接后，直接单击某个目录链接即可跳转到相应内容的幻灯片页面。

① 创建超链接

在 PowerPoint 中，超链接可以跳转到当前演示文稿中的特定幻灯片、其他演示文稿中特定的幻灯片、自定义放映、电子邮件地址、文件或 Web 页上。

01 选择【超链接】命令：启动 PowerPoint 2021，打开"公司产品简介 PPT"演示文稿，选择第 2 张幻灯片，进入目录页面中，右击第一个目录文本框"公司简介"，从弹出的快捷菜单中选择【超链接】命令，如图 10-3 所示。

02 选择链接到的幻灯片：打开【插入超链接】对话框，在【链接到】列表框中单击【本文档中的位置】按钮，在【请选择文档中的位置】列表框中选择需要链接到的第 3 张幻灯片，单击【确定】按钮，如图 10-4 所示。

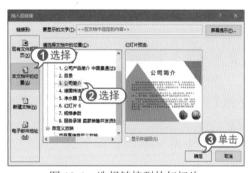

图 10-3　选择【超链接】命令　　　　　　图 10-4　选择链接到的幻灯片

03 设置第 2 个目录的链接：按照同样的方法，设置第 2 个目录链接到第 4 张幻灯片，单击【确定】按钮，如图 10-5 所示。

04 设置第 3 个目录的链接：按照同样的方法，设置第 3 个目录链接到第 7 张幻灯片，单击【确定】按钮，如图 10-6 所示。

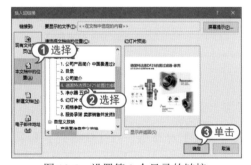

图 10-5　设置第 2 个目录的链接　　　　　图 10-6　设置第 3 个目录的链接

05 设置第 4 个目录的链接：按照同样的方法，设置第 4 个目录链接到第 8 张幻灯片，单击【确定】按钮，如图 10-7 所示。

06 查看目录链接设置：完成目录链接设置后，按 F5 键进入幻灯片放映状态，在放映目录页时，将鼠标放到设置了超链接的文本框上，鼠标会变成手指形状，单击这个目录就会切换到相应的幻灯片页面，如图 10-8 所示。

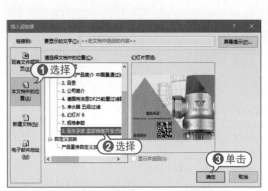

图 10-7　设置第 4 个目录的链接

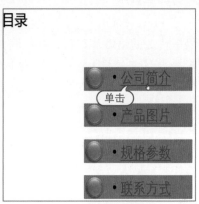

图 10-8　单击超链接

链接到其他演示文稿

如果要将当前幻灯片与其他演示文稿中的幻灯片进行链接时，只需在【插入超链接】对话框的【链接到】列表框中选择【现有文件或网页】选项来设置。

01 创建文本框：选中第 8 张幻灯片，创建一个横排文本框，输入文字，并设置字体格式，如图 10-9 所示。

02 单击【链接】按钮：在【插入】选项卡的【链接】组中单击【链接】按钮，如图 10-10 所示。

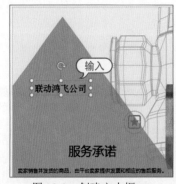

图 10-9　创建文本框

图 10-10　单击【链接】按钮

03 选择要链接到的演示文稿：打开【插入超链接】对话框，在【链接到】列表框中单击【现有文件或网页】按钮，然后在右侧单击【当前文件夹】按钮，在【查找范围】

下拉列表中选择保存链接到目标演示文稿的位置，选择要链接的目标演示文稿"产品推广 PPT"，单击【书签】按钮，如图 10-11 所示。

04 选择链接到的指定幻灯片：打开【在文档中选择位置】对话框，在【请选择文档中原有的位置】列表框中选择链接到的现有文档的指定幻灯片，如图 10-12 所示，设置完成后依次单击两个【确定】按钮完成超链接的添加。

图 10-11　选择要链接到的演示文稿

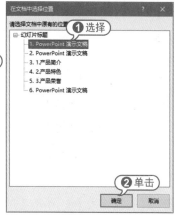
图 10-12　选择链接到的指定幻灯片

05 单击超链接：按 Ctrl 键显示鼠标手形，单击超链接，如图 10-13 所示。

06 弹出链接的演示文稿：此时自动弹出"产品推广 PPT"演示文稿，显示第 1 张幻灯片，如图 10-14 所示。

图 10-13　单击超链接

图 10-14　弹出链接的演示文稿

10.1.2　设置屏幕提示信息

　　屏幕提示信息是指将鼠标指针置于超链接对象上显示的描述性文本，用于说明链接到的文本或超链接的用途。超链接默认的屏幕提示信息为链接到的目标位置，若要更改提示信息，可在【插入超链接】对话框中单击【屏幕提示】按钮，在弹出的【设置超链接屏幕提示】对话框中进行设置。

为了使公司产品简介演示文稿中添加的每个超链接用途更加清晰、明确，读者可以更改屏幕提示的信息文字。

01 选择【编辑链接】命令：选择第 2 张幻灯片，右击需设置屏幕提示信息的超链接文本"公司简介"，在弹出的快捷菜单中选择【编辑链接】命令，如图 10-15 所示。

02 单击【屏幕提示】按钮：打开【编辑超链接】对话框，单击【屏幕提示】按钮，如图 10-16 所示。

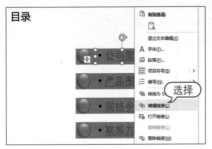

图 10-15　选择【编辑链接】命令

图 10-16　单击【屏幕提示】按钮

03 输入提示文本：打开【设置超链接屏幕提示】对话框，在【屏幕提示文字】文本框中输入提示文本，如输入【跳转到本演示文稿的公司简介幻灯片中】，单击【确定】按钮，如图 10-17 所示。

04 显示屏幕提示文本：将鼠标指针置于超链接文本上，可以看到更改屏幕提示文本后的效果，如图 10-18 所示。

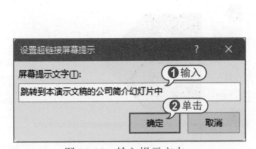

图 10-17　输入提示文本

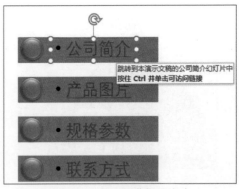

图 10-18　显示屏幕提示文本

10.1.3　更改超链接样式

演示文稿中的超链接外观样式是由当前所选的主题样式决定的，如果用户希望单独更改演示文稿中的超链接外观样式，可以通过新建主题颜色来实现。

① 更改超链接的颜色

在"公司产品简介 PPT"演示文稿中默认的超链接颜色为"蓝色"，已访问的超链接颜色为"紫色"，如果希望将超链接颜色更改为"红色"，已访问的超链接颜色更改为"深蓝色"，可以通过新建主题颜色来实现。

01 查看现在的超链接外观：选择第 2 张幻灯片，查看现在的超链接和已访问的超链接的外观样式，如图 10-19 所示。

02 选择【自定义颜色】选项：切换至【设计】选项卡，在【变体】组中单击展开按钮，然后选择【颜色】|【自定义颜色】选项，如图 10-20 所示。

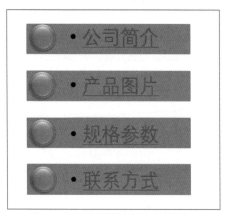
图 10-19　查看现在的超链接外观

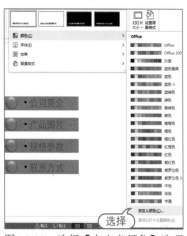
图 10-20　选择【自定义颜色】选项

03 选择超链接颜色：打开【新建主题颜色】对话框，在【主题颜色】选项组中显示了当前主题的文字／背景等颜色配色方案，单击【超链接】颜色右侧的下三角按钮，在展开的颜色列表框中选择【红色】，如图 10-21 所示。

04 选择已访问的超链接颜色：单击【已访问的超链接】颜色右侧的下三角按钮，在展开的颜色列表框中选择【深蓝色】，如图 10-22 所示。

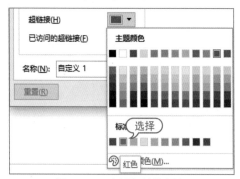
图 10-21　选择超链接颜色

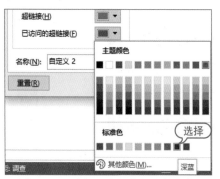
图 10-22　选择已访问的超链接颜色

05 保存更改：返回【新建主题颜色】对话框，单击【保存】按钮，如图 10-23 所示。

06 查看已更改的超链接外观：返回幻灯片中，可以看到当前主题的超链接和已访问的超链接外观样式已更改为自定义的样式，如图 10-24 所示。

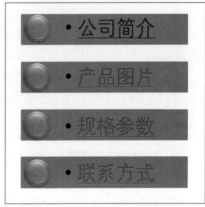

图 10-23　保存更改　　　　　　　　　图 10-24　查看已更改的超链接外观

② 没有下画线的超链接

在为文本添加超链接时，系统自动为文本应用当前主题的超链接样式，该超链接样式不仅包括字体颜色，还包括下画线。创建没有下画线的超链接，需要使用文本框。

01 添加文本框并选择【超链接】命令：选中第 2 张幻灯片，创建一个横排文本框，输入"公司简介"，然后右击文本框，在弹出的快捷菜单中选择【超链接】命令，如图 10-25 所示。

02 设置超链接：打开【插入超链接】对话框，在【链接到】列表框中单击【本文档中的位置】按钮，在【请选择文档中的位置】列表框中选择需要链接到的第 3 张幻灯片，单击【确定】按钮，如图 10-26 所示。

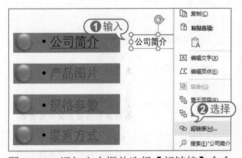

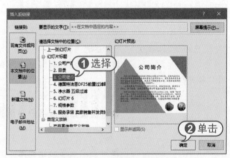

图 10-25　添加文本框并选择【超链接】命令　　　图 10-26　设置超链接

03 查看文本框超链接：为文本框对象添加超链接，此时则不会应用超链接文本样式，也就不会显示下画线，如图 10-27 所示。

04 链接效果：单击该文本框超链接，即可跳转到第 3 张幻灯片，如图 10-28 所示。

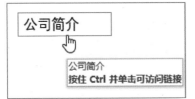

图 10-27　查看文本框超链接

图 10-28　链接效果

高手点拨

　　如果幻灯片中现有的超链接对象不再需要时，可以取消该功能，使其还原为普通文本。取消超链接有两种方法：一是右击要取消超链接的文本，在弹出的快捷菜单中选择【取消超链接】命令；二是打开【编辑超链接】对话框，在该对话框中单击【删除链接】按钮。

Word Excel PPT 高效办公（微视频版）

10.2 为"公司产品简介 PPT"制作动作按钮

案例解析

在 PowerPoint 2021 中除了使用超链接外，还可以使用动作按钮来创建幻灯片的交互式操作。在"公司产品简介 PPT"中制作动作按钮，可以实现快速跳转或激活一个程序的功能。为"公司产品简介 PPT"制作动作按钮的图示和制作流程图分别如图 10-29 和图 10-30 所示。

扫一扫 看视频

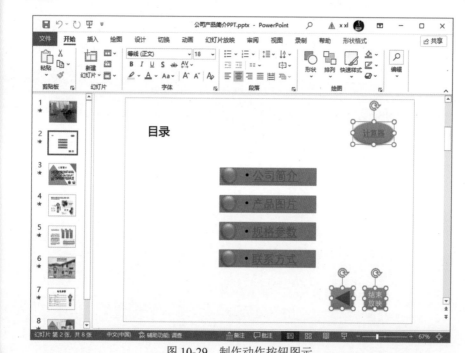

图 10-29 制作动作按钮图示

图 10-30 制作动作按钮的流程

10.2.1　绘制动作按钮

使用动作按钮既可以控制幻灯片的放映过程，也可以实现超链接功能，如激活另一个程序，播放音频或视频，快速跳转到其他幻灯片、文件或网页中等。

动作按钮是 PowerPoint 中预先设置好的一组带有特定动作的图形按钮，这些按钮被预先设置为指向前一张、后一张、第一张、最后一张幻灯片、播放声音及播放电影等链接。

01 选择按钮形状：打开"公司产品简介 PPT"演示文稿，选择第 2 张幻灯片，选择【插入】选项卡，在【插图】组中单击【形状】按钮，在弹出的类别中选择一种动作按钮，本例选择【动作按钮：后退或前一项】按钮◁，如图 10-31 所示。

02 打开【操作设置】对话框：在幻灯片中合适的位置按住鼠标左键绘制动作按钮，释放鼠标后打开【操作设置】对话框，保持默认设置，单击【确定】按钮，如图 10-32 所示。

图 10-31　选择按钮形状

图 10-32　单击【确定】按钮

03 设置按钮位置：此时显示该动作按钮，拖动到合适位置，效果如图 10-33 所示。

04 设置形状样式：选中幻灯片中绘制的动作按钮，选择【形状格式】选项卡，在【形状样式】组中单击【其他】按钮▼，在展开的库中选择一种形状样式，如图 10-34 所示。

图 10-33　设置按钮位置

图 10-34　设置形状样式

無

05 更改按钮形状：选中幻灯片中的动作按钮，按下 Ctrl+C 组合键，再按下 Ctrl+V 组合键复制该按钮，在【插入形状】组中单击【编辑形状】下拉按钮，在弹出的下拉菜单中选择【更改形状】|【动作按钮：空白】选项，如图 10-35 所示。

06 选择【幻灯片】选项：打开【操作设置】对话框，选中【超链接到】单选按钮，单击下面的下拉按钮，在弹出的下拉列表中选择【幻灯片】选项，如图 10-36 所示。

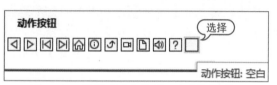

图 10-35　选择【动作按钮：空白】选项

图 10-36　选择【幻灯片】选项

07 选择幻灯片：打开【超链接到幻灯片】对话框，选择最后一张幻灯片，单击【确定】按钮，如图 10-37 所示。

08 编辑文字：返回【操作设置】对话框，单击【确定】按钮，右击自定义的动作按钮，在弹出的快捷菜单中选择【编辑文字】命令，然后在按钮上输入文本"结束放映"，如图 10-38 所示。

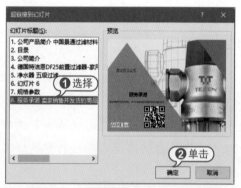

图 10-37　【超链接到幻灯片】对话框

图 10-38　编辑文字

09 放映幻灯片并测试按钮：放映幻灯片，此时单击左侧的箭头按钮，将返回上一页幻灯片，单击右侧的文字按钮，则跳转到最后一张幻灯片。

10.2.2　设置单击按钮产生的动作

在 PowerPoint 中除了可以绘制动作按钮来设置动作外，还可以通过功能区按钮直接为对象添加超链接、运行程序、运行宏等。比如在 PPT 中创建按钮，调用 Windows 自带的计算器程序。

01 绘制形状：选中第 2 张幻灯片，绘制一个椭圆形状，输入文字"计算器"，设置其形状样式，如图 10-39 所示。

02 单击【动作】按钮：选择【插入】选项卡，在【链接】组中单击【动作】按钮，如图 10-40 所示。

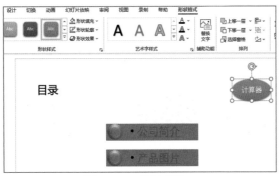

图 10-39　绘制形状

图 10-40　单击【动作】按钮

03 单击【浏览】按钮：打开【操作设置】对话框，在【单击鼠标】选项卡下，选中【运行程序】单选按钮，然后单击【浏览】按钮，如图 10-41 所示。

04 选择计算器程序：打开【选择一个要运行的程序】对话框，根据需要选择一个要运行的程序，这里选择计算器程序【calc.exe】，然后单击【确定】按钮，如图 10-42 所示。

图 10-41　单击【浏览】按钮

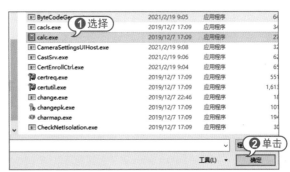

图 10-42　选择计算器程序

05 单击【确定】按钮：返回【操作设置】对话框，在【运行程序】文本框中显示了所选程序的路径，单击【确定】按钮，如图 10-43 所示。

06 单击按钮启动程序：返回幻灯片，将鼠标指针置于【计算器】对象上，将自动显示该对象添加的动作提示，单击该对象将启动 Windows 自带的计算器程序，如图 10-44 所示。

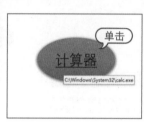

图 10-43　单击【确定】按钮　　　　　　　　图 10-44　单击按钮启动程序

高手点拨

在设置超链接或动作时，如果读者希望为鼠标动作添加相应的声音提示，可以选择添加超链接或动作的对象，打开【操作设置】对话框，在【单击鼠标】或【鼠标悬停】选项卡中选中【播放声音】复选框，然后在其下的下拉列表中选择适合的提示声音选项，为所选链接文本或动作对象添加声音提示。

10.3　打包"公司产品简介 PPT"

扫一扫 看视频

案例解析

　　在 PPT 中为了保证链接好的内容可以准确无误地打开,最好将文件打包保存,避免换一台计算机播放后,超链接打开失败。打包"公司产品简介 PPT"演示文稿的图示和制作流程图分别如图 10-45 和图 10-46 所示。

图示:

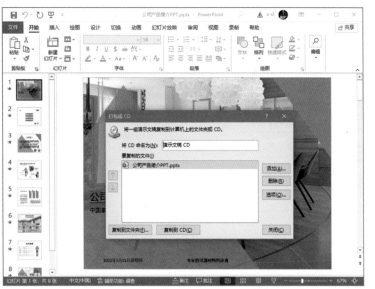

图 10-45　打包"公司产品简介 PPT"图示

制作流程图:

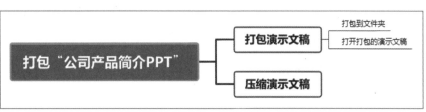

图 10-46　打包"公司产品简介 PPT"的制作流程

10.3.1 打包演示文稿

在实际工作中，会遇到制作好的演示文稿由于另一台计算机上没有安装PowerPoint 无法放映，或者由于幻灯片中内容不全导致放映效果不佳等问题，使用PowerPoint 2021 的【打包成 CD】功能可以处理以上问题。

◇ 打包到文件夹

打开【打包成 CD】对话框，可以设置将演示文稿文件及演示所需的所有其他文件捆绑在一起，将它们复制到一个文件夹或直接复制到 CD 中。

01 单击【打包成 CD】按钮：打开"公司产品简介 PPT"演示文稿，单击【文件】按钮，在弹出的界面中选择【导出】命令。在中间窗格的【导出】选项区域中选择【将演示文稿打包成 CD】选项，并在右侧窗格中单击【打包成 CD】按钮，如图 10-47 所示。

02 设置【打包成 CD】对话框：打开【打包成 CD】对话框，在【将 CD 命名为】文本框中输入"公司产品简介"，单击【复制到文件夹】按钮，如图 10-48 所示。

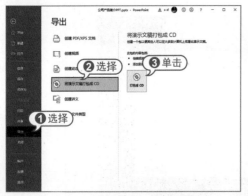
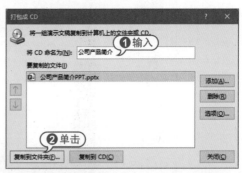

图 10-47　单击【打包成 CD】按钮　　　　图 10-48　设置【打包成 CD】对话框

03 单击【浏览】按钮：打开【复制到文件夹】对话框，输入文件夹名称，单击【浏览】按钮，如图 10-49 所示。

04 选择文件夹位置：打开【选择位置】对话框，设置文件夹保存位置，然后单击【选择】按钮，如图 10-50 所示。

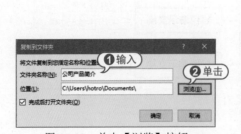

图 10-49　单击【浏览】按钮　　　　　　图 10-50　选择文件夹位置

05 确认提示：返回【复制到文件夹】对话框，单击【确定】按钮，弹出提示框，提示是否要在包中包含链接文件，单击【是】按钮，如图 10-51 所示。

06 查看打包文件夹内容：复制完成后，自动打开文件夹，显示复制内容，AUTORUN 文件用于使打包的演示文稿自动放映，如图 10-52 所示。

图 10-51　单击【是】按钮　　　　图 10-52　查看打包文件夹内容

打开打包的演示文稿

若计算机上安装有 PowerPoint 组件，则可以直接打开打包的演示文稿。若没有安装 PowerPoint，双击生成的文件也可以打开或放映。

01 双击打开文件：打开上文复制到的文件夹，双击后缀名为 pptx 的文件，如图 10-53 所示。

02 查看打开的演示文稿：此时成功打开打包的演示文稿以进行查看，如图 10-54 所示。

图 10-53　双击打开文件　　　　图 10-54　查看打包的演示文稿

10.3.2　压缩演示文稿

在实际工作中，有可能需要将"公司产品简介 PPT"演示文稿使用电子邮件进行发送，若文件较大，发送的速度较慢，可使用【压缩】功能压缩演示文稿。

01 选择【另存为】命令：打开"公司产品简介 PPT"演示文稿，单击【文件】按钮，在弹出的界面中选择【另存为】命令，在显示的【另存为】窗格中选择【浏览】选项，如图 10-55 所示。

02 选择【压缩图片】选项：打开【另存为】对话框，单击【工具】下拉按钮，在弹出的下拉列表中选择【压缩图片】选项，如图 10-56 所示。

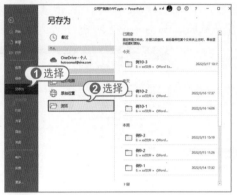

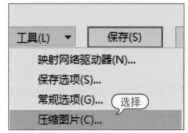

图 10-55　选择【另存为】命令　　　　　图 10-56　选择【压缩图片】选项

03 设置压缩选项：打开【压缩图片】对话框，设置压缩选项和分辨率，单击【确定】按钮，如图 10-57 所示。

04 保存压缩文件：返回【另存为】对话框，输入名称为"压缩PPT"，然后单击【保存】按钮，如图 10-58 所示。

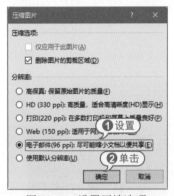

图 10-57　设置压缩选项　　　　　　　　图 10-58　保存压缩文件

05 查看压缩前后文件的大小对比：保存成功后，可以查看压缩之前和之后的两个文件的大小对比，如图 10-59 所示。

图 10-59　查看压缩前后文件的大小对比

10.4　通关练习

扫一扫 看视频

通过前面内容的学习，读者应该已经掌握在 PowerPoint 2021 中添加超链接和动作按钮及打包操作，下面介绍添加"商场购物指南 PPT"交互效果这个案例，用户通过练习可以巩固本章所学知识。

案例解析

在"商场购物指南 PPT"中添加超链接及动作按钮，可以为顾客提供更加完善快捷的服务。本节主要介绍关键步骤，其图示和制作流程图分别如图 10-60 和图 10-61 所示。

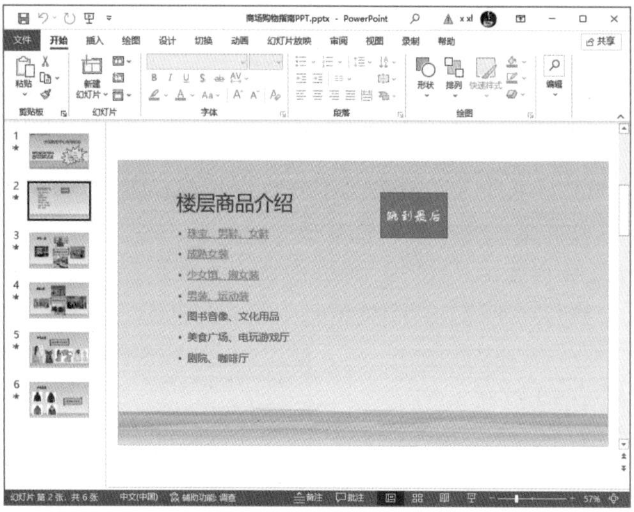

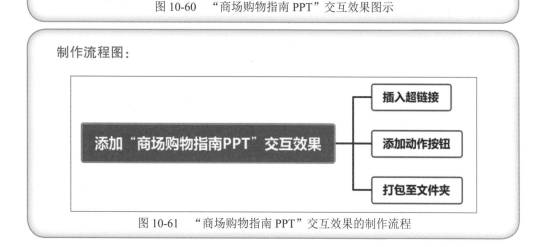

图 10-60　"商场购物指南 PPT"交互效果图示

图 10-61　"商场购物指南 PPT"交互效果的制作流程

关键步骤

01 选择【超链接】命令：打开"商场购物指南 PPT"演示文稿，选中第 2 张幻灯片，右击文本框中的第 1 行文字，在弹出的快捷菜单中选择【超链接】命令，如图 10-62 所示。

02 选择链接到的幻灯片：打开【插入超链接】对话框，在【链接到】列表框中单击【本文档中的位置】按钮，在【请选择文档中的位置】列表框中选择需要链接到的第 3 张幻灯片，单击【确定】按钮，如图 10-63 所示。

图 10-62 选择【超链接】命令

图 10-63 选择链接到的幻灯片

03 查看链接：此时该文字变为绿色且下方出现横线，如图 10-64 所示，放映幻灯片时，如果单击该超链接，演示文稿将自动跳转到第 3 张幻灯片。

04 设置第 2 行文字的链接：按照同样的方法，设置第 2 行文字链接到第 4 张幻灯片，单击【确定】按钮，如图 10-65 所示。

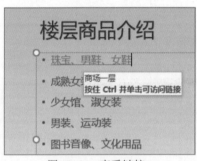

图 10-64 查看链接

图 10-65 设置第 2 行文字的链接

05 设置第 3 行文字的链接：按照同样的方法，设置第 3 行文字链接到第 5 张幻灯片，单击【确定】按钮，如图 10-66 所示。

06 设置第 4 行文字的链接：按照同样的方法，设置第 4 行文字链接到第 6 张幻灯片，单击【确定】按钮，如图 10-67 所示。

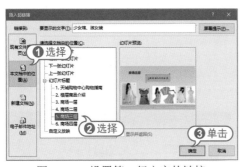

图 10-66　设置第 3 行文字的链接

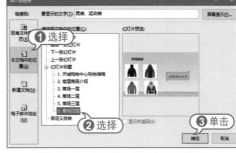

图 10-67　设置第 4 行文字的链接

07 查看链接状态：完成链接设置后，按 F5 键进入幻灯片放映状态，在放映该页时，将鼠标放到设置了超链接的文本上，鼠标会变成手指形状，如图 10-68 所示，单击该链接就会切换到相应的幻灯片页面。

08 选择动作按钮形状：选择【插入】选项卡，在【插图】组中单击【形状】按钮，在弹出的下拉列表中选择【动作按钮：空白】按钮，如图 10-69 所示。

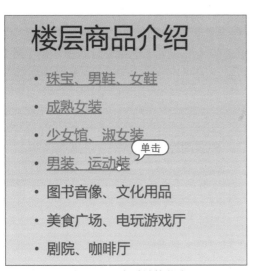

图 10-68　查看链接状态

图 10-69　选择【动作按钮：空白】按钮

09 选择【幻灯片】选项：在幻灯片中绘制按钮，自动打开【操作设置】对话框，选中【超链接到】单选按钮，单击下面的下拉按钮，在弹出的下拉列表中选择【幻灯片】选项，如图 10-70 所示。

10 选择幻灯片：打开【超链接到幻灯片】对话框，选择最后一张幻灯片，单击【确定】按钮，如图 10-71 所示。

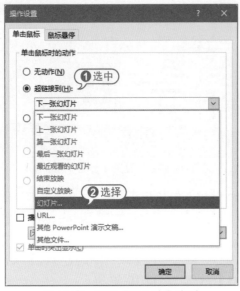

图 10-70　选择【幻灯片】选项　　　　　　图 10-71　选择最后一张幻灯片

11 选择【编辑文字】命令：返回【操作设置】对话框，单击【确定】按钮，右击自定义的动作按钮，在弹出的快捷菜单中选择【编辑文字】命令，如图 10-72 所示。

12 输入文字：在按钮上输入文本"跳到最后"，调整文字格式及按钮大小，如图 10-73 所示。

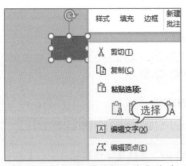

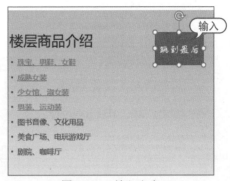

图 10-72　选择【编辑文字】命令　　　　　图 10-73　输入文字

13 单击【打包成 CD】按钮：单击【文件】按钮，在弹出的界面中选择【导出】命令，在中间窗格的【导出】选项区域中选择【将演示文稿打包成 CD】选项，并在右侧窗格中单击【打包成 CD】按钮，如图 10-74 所示。

14 设置【打包成 CD】对话框：打开【打包成 CD】对话框，在【将 CD 命名为】文本框中输入"购物指南"，单击【复制到文件夹】按钮，如图 10-75 所示。

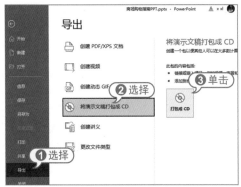

图 10-74　单击【打包成 CD】按钮

图 10-75　设置【打包成 CD】对话框

15 设置复制到的文件夹名称和位置：打开【复制到文件夹】对话框，输入文件夹名称，单击【浏览】按钮设置文件夹位置，然后单击【确定】按钮，如图 10-76 所示。

16 查看打包文件夹内容：复制完成后，自动打开文件夹，显示复制内容，如图 10-77 所示。

图 10-76　设置复制到的文件夹名称和位置

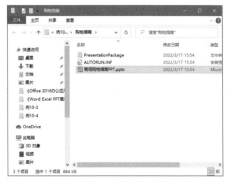

图 10-77　查看打包文件夹内容

10.5 专家解疑

如何在幻灯片中设置链接到网页？

如果想要在演示文稿中链接到某个网页，可以通过以下方法来实现。

01 右击链接对象，在弹出的快捷菜单中选择【超链接】命令，打开【插入超链接】对话框，在【链接到】列表框中选择【现有文件或网页】选项，然后在【地址】文本框中输入要链接的网页地址，如淘宝网的网址，完成后单击【确定】按钮，如图 10-78 所示。

02 放映幻灯片时，单击链接对象，即可直接打开淘宝网首页，如图 10-79 所示。

图 10-78 设置超链接

图 10-79 打开淘宝网首页

第11章 放映和发布 PPT

在 PowerPoint 中，读者可以选择最为理想的放映速度与放映方式，使幻灯片的放映过程更加清晰、明确。此外，还可以将制作完成的演示文稿进行发布。本章将为读者介绍演示文稿的放映和发布等内容。

本章要点：

- 设置放映方式和类型
- 放映幻灯片的操作
- 设置排练计时
- 发布演示文稿

文档展示：

11.1 设置放映"教学课件PPT"

案例解析

　　放映幻灯片前，读者可以根据需要设置幻灯片放映的方式和类型，以及进行自定义放映等操作。设置放映"教学课件PPT"的图示和制作流程图分别如图11-1和图11-2所示。

图示：

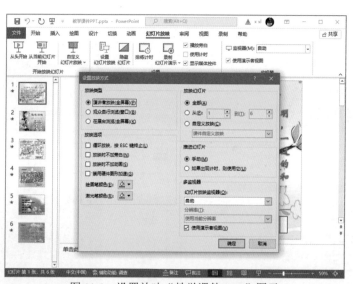

图11-1　设置放映"教学课件PPT"图示

制作流程图：

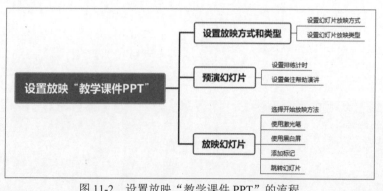

图11-2　设置放映"教学课件PPT"的流程

11.1.1　设置放映方式和类型

PowerPoint 2021 提供了多种放映演示文稿的方式，最常用的是幻灯片页面的演示控制。

◇ 设置幻灯片放映方式

PowerPoint 设置幻灯片放映方式主要有定时放映、连续放映、循环放映、自定义放映等。

01 设置定时放映：定时放映即设置每张幻灯片在放映时停留的时间，当等待到设定的时间后，幻灯片将自动向下放映，打开【切换】选项卡，在【计时】组中选中【单击鼠标时】复选框，如图 11-3 所示，则用户单击鼠标或按下 Enter 键和空格键时，放映的演示文稿将切换到下一张幻灯片。

02 设置连续放映：在【切换】选项卡的【计时】组中选中【设置自动换片时间】复选框，并为当前选定的幻灯片设置自动切换时间，如图 11-4 所示，再单击【应用到全部】按钮，为演示文稿中的每张幻灯片设定相同的切换时间，即可实现幻灯片的连续自动放映。

图 11-3　设置定时放映

图 11-4　设置连续放映

03 设置循环放映：打开【幻灯片放映】选项卡，在【设置】组中单击【设置幻灯片放映】按钮，打开【设置放映方式】对话框。在【放映选项】选项区域中选中【循环放映，按 Esc 键终止】复选框，如图 11-5 所示，则在播放完最后一张幻灯片后，会自动跳转到第 1 张幻灯片，而不是结束放映，直到按 Esc 键退出放映状态。

04 选择【自定义放映】命令：在【幻灯片放映】选项卡中，单击【开始放映幻灯片】组中的【自定义幻灯片放映】按钮，在弹出的菜单中选择【自定义放映】命令，如图 11-6 所示。

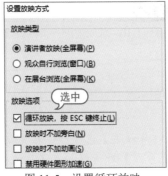

图 11-5　设置循环放映

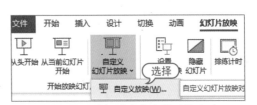

图 11-6　选择【自定义放映】命令

05 设置自定义放映：打开【自定义放映】对话框，单击【新建】按钮，打开【定义自定义放映】对话框，在【幻灯片放映名称】文本框中输入文字"课件自定义放映"，在【在演示文稿中的幻灯片】列表中选择第 2 张和第 3 张幻灯片，然后单击【添加】按钮，将两张幻灯片添加到【在自定义放映中的幻灯片】列表中，单击【确定】按钮，如图 11-7 所示。

06 单击【关闭】按钮：返回至【自定义放映】对话框，在【自定义放映】列表中显示创建的放映，单击【关闭】按钮，如图 11-8 所示。

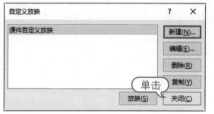

图 11-7　设置自定义放映　　　　　　　图 11-8　单击【关闭】按钮

07 选中自定义放映：在【幻灯片放映】选项卡的【设置】组中单击【设置幻灯片放映】按钮，打开【设置放映方式】对话框，在【放映幻灯片】选项区域中选中【自定义放映】单选按钮，然后在其下方的下拉列表中选择需要放映的自定义放映，单击【确定】按钮，如图 11-9 所示。

08 放映效果：此时按 F5 键时，将自动播放幻灯片，放映效果如图 11-10 所示。

图 11-9　选中自定义放映　　　　　　　图 11-10　放映效果

❷ 设置幻灯片放映类型

　　在【设置放映方式】对话框的【放映类型】选项区域中可以设置幻灯片的放映类型。

01 使用【演讲者放映 (全屏幕)】类型：打开【幻灯片放映】选项卡，在【设置】组中单击【设置幻灯片放映】按钮，打开【设置放映方式】对话框。在【放映类型】选项区域中选中【演讲者放映 (全屏幕)】单选按钮，然后单击【确定】按钮，即可使用该类型，如图 11-11 所示。该类型是系统默认的放映类型，也是最常见的全屏放映方式。在这种放映方式下，将以全屏幕放映演示文稿，演讲者现场控制演示节奏，具有放映的完全控制权。演讲者可以根据观众的反应随时调整放映速度或节奏，还可以暂停下来进行讨论或记录观众即席反应。一般用于召开会议时的大屏幕放映、联机会议或网络广播等，效果如图 11-12 所示。

图 11-11　选中【演讲者放映 (全屏幕)】单选按钮　　　图 11-12　演讲者放映类型

02 使用【观众自行浏览 (窗口)】类型：在【放映类型】选项区域中选中【观众自行浏览 (窗口)】单选按钮，然后单击【确定】按钮，即可使用该放映类型，如图 11-13 所示。观众自行浏览是在标准 Windows 窗口中显示的放映形式，放映时的 PowerPoint 窗口具有菜单栏、Web 工具栏，类似于浏览网页的效果，便于观众自行浏览，如图 11-14 所示。

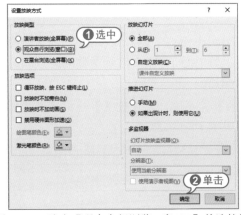 

图 11-13　选中【观众自行浏览 (窗口)】单选按钮　　　图 11-14　观众自行浏览类型

03 使用【在展台浏览 (全屏幕)】类型：在【放映类型】选项区域中选中【在展台浏览 (全屏幕)】单选按钮，然后单击【确定】按钮，即可使用该放映类型，如图 11-15 所示。采用该放映类型，最主要的特点是不需要专人控制就可以自动运行，在使用该放映类型时，如超链接等的控制方法都失效。当播放完最后一张幻灯片后，会自动从第一张幻灯片重新开始播放，直至用户按下 Esc 键才会停止播放，如图 11-16 所示。

图 11-15　选中【在展台浏览 (全屏幕)】单选按钮　　　图 11-16　展台浏览类型

高手点拨

　　使用【在展台浏览 (全屏幕)】类型放映演示文稿时，用户不能对其放映过程进行干预，必须设置每张幻灯片的放映时间，或者预先设定演示文稿排练计时，否则可能会长时间停留在某张幻灯片上。

11.1.2　预演幻灯片

　　制作完演示文稿后，用户可以根据需要进行放映前的准备，若演讲者为了专心演讲需要自动放映演示文稿，可以进行排练计时设置，从而使演示文稿自动播放。

设置排练计时

　　在放映幻灯片之前，演讲者可以运用 PowerPoint 的【排练计时】功能来排练整个演示文稿放映的时间，即对每张幻灯片的放映时间和整个演示文稿的总放映时间了然于胸。当真正放映时，就可以做到从容不迫

01 进入排练计时状态：打开【幻灯片放映】选项卡，在【设置】组中单击【排练计时】按钮，如图 11-17 所示，此时将进入排练计时状态。

02 开始计时：在打开的【录制】工具栏中将开始计时，如图 11-18 所示。

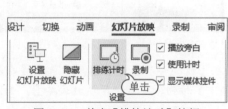

图 11-17　单击【排练计时】按钮　　　　　图 11-18　开始计时

03 保留排练计时：若当前幻灯片中的内容显示的时间足够，则可单击鼠标进入下一对象或下一张幻灯片的计时，以此类推。当所有内容完成计时后，将打开提示对

话框，单击【是】按钮即可保留排练计时，如图 11-19 所示。

04 显示排练时间：从幻灯片浏览视图中可以看到每张幻灯片下方均显示各自的排练时间，如图 11-20 所示。

图 11-19　单击【是】按钮

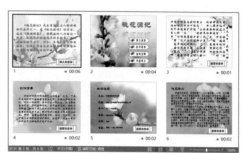

图 11-20　显示排练时间

05 取消排练计时：当幻灯片被设置了排练计时后，实际情况又需要演讲者手动控制幻灯片，那么就需要取消排练计时设置。选择【幻灯片放映】选项卡，单击【设置】组里的【设置幻灯片放映】按钮，如图 11-21 所示。打开【设置放映方式】对话框，在【推进幻灯片】选项区域中选中【手动】单选按钮，单击【确定】按钮，即可取消排练计时，如图 11-22 所示。

图 11-21　单击【设置幻灯片放映】按钮

图 11-22　选中【手动】单选按钮

设置备注帮助演讲

在制作幻灯片时，幻灯片页面中仅需输入主要内容，其他内容可以添加到备注中，在演讲时作为提示用。备注最好不要长篇大论，简短的几句思路提醒、关键内容提醒即可，否则在演讲时长时间盯着备注看，会影响演讲效果。完成备注添加后，演讲时也需要正确设置，才能正确显示备注。

设置备注有两种方法：短的备注可以在幻灯片下方进行添加，长的备注则可以进入备注页视图添加。

01 打开备注窗格：切换到需要添加备注的页面，如第 3 张幻灯片，单击幻灯片下方的【备注】按钮，如图 11-23 所示。

02 输入备注内容：在打开的备注窗格中输入备注文字内容，如图 11-24 所示。

图 11-23　单击【备注】按钮　　　　图 11-24　输入备注文字内容

03 进入备注页视图：如果要输入的内容太长，可以打开备注页视图，方法是单击【视图】选项卡下【演示文稿视图】组中的【备注页】按钮，如图 11-25 所示。

04 输入备注内容：打开【备注页视图】后，在下方的文本框内输入备注内容即可，如图 11-26 所示。

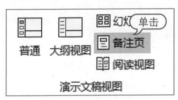

图 11-25　单击【备注页】按钮　　　　图 11-26　输入备注内容

05 选择【显示演示者视图】选项：完成备注的输入后，需要进行正确的设置，才能在放映时，让观众看到幻灯片内容，而演讲者看到幻灯片及备注内容。按 F5 键，进入幻灯片播放状态，在播放时右击鼠标，选择快捷菜单中的【显示演示者视图】选项，如图 11-27 所示。

06 查看备注：进入演示者视图状态后，在界面右边显示备注内容，如图 11-28 所示。

图 11-27　选择【显示演示者视图】选项　　　　图 11-28　查看备注

11.1.3 放映幻灯片

完成准备工作后，就可以开始放映已设计完成的演示文稿。

① 选择开始放映方法

常用的放映方法很多，比如从头开始放映、从当前幻灯片开始放映等。

01 从头开始放映：从头开始放映是指从演示文稿的第一张幻灯片开始播放演示文稿。在 PowerPoint 2021 中，打开【幻灯片放映】选项卡，在【开始放映幻灯片】组中单击【从头开始】按钮，如图 11-29 所示，或者直接按 F5 键，开始放映演示文稿，此时进入全屏模式的幻灯片放映视图。

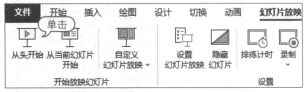

图 11-29 单击【从头开始】按钮

02 从当前幻灯片开始放映：当需要从指定的某张幻灯片开始放映，则可以使用【从当前幻灯片开始】功能。选择指定的幻灯片，打开【幻灯片放映】选项卡，在【开始放映幻灯片】组中单击【从当前幻灯片开始】按钮，显示从当前幻灯片开始放映的效果。此时进入幻灯片放映视图，幻灯片以全屏幕方式从当前幻灯片开始放映。

② 使用激光笔

在幻灯片放映视图中，演讲者可以将鼠标指针变为激光笔样式，以将观看者的注意力吸引到幻灯片上的某个重点内容或特别要强调的内容位置。

01 激光笔样式：将演示文稿切换至幻灯片放映视图状态，按 Ctrl 键的同时单击鼠标左键，此时鼠标指针变成激光笔样式，移动鼠标指针，将其指向观众需要注意的内容上，如图 11-30 所示。

02 选择激光笔颜色：激光笔的默认颜色为红色，用户可以更改其颜色，打开【设置放映方式】对话框，在【激光笔颜色】下拉列表中选择颜色即可，如图 11-31 所示。

图 11-30 激光笔样式

图 11-31 选择激光笔颜色

③ 使用黑白屏

在放映幻灯片的过程中，有时为了隐藏幻灯片内容，可以将幻灯片以黑屏或白屏显示。

01 选择命令：全屏放映类型下，在右键菜单中选择【屏幕】|【黑屏】命令或【屏幕】|【白屏】命令即可，如图 11-32 所示。

02 黑屏显示：图 11-33 所示为选择【黑屏】命令所显示的幻灯片效果。

图 11-32　选择命令

图 11-33　黑屏显示

④ 添加标记

若想在放映幻灯片时为重要位置添加标记以突出强调重要内容，那么此时就可以利用 PowerPoint 提供的笔或荧光笔来实现。其中笔主要用来圈点幻灯片中的重点内容，有时还可以进行简单的写字操作；荧光笔主要用来突出显示重点内容。

01 选择【笔】命令：在放映的幻灯片上单击鼠标右键，然后在弹出的快捷菜单中选择【指针选项】|【笔】命令，如图 11-34 所示。

02 使用笔添加标记：此时在幻灯片中将显示一个小红点，按住鼠标左键不放并拖动鼠标即可为幻灯片中的重点内容添加标记，如图 11-35 所示。

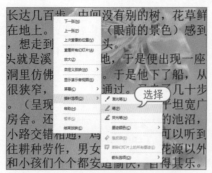

图 11-34　选择【笔】命令

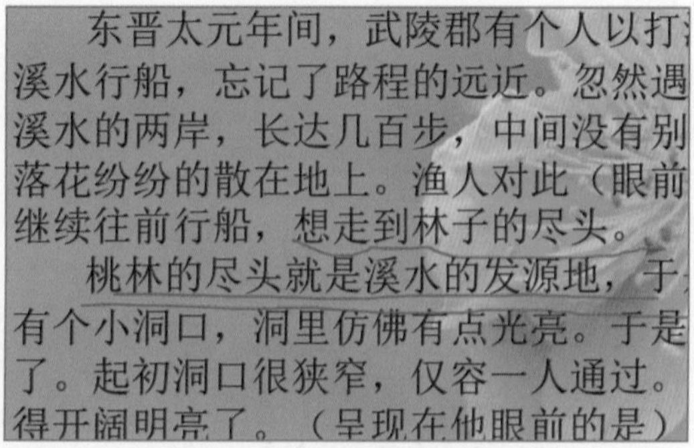

图 11-35　使用笔添加标记

03 选择笔的颜色：在放映视图中右击，从弹出的快捷菜单中选择【指针选项】|【墨迹颜色】命令，然后从弹出的颜色面板中选择【蓝色】色块，即可用蓝色笔标记，如图 11-36 所示。

04 选择【荧光笔】命令：荧光笔的使用方法与笔相似，也是在放映的幻灯片上单击鼠标右键，然后在弹出的快捷菜单中选择【指针选项】|【荧光笔】命令，如图 11-37 所示。

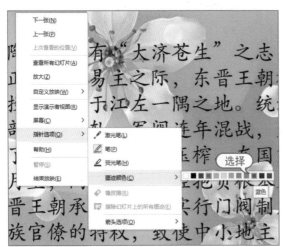

图 11-36　选择笔的颜色

图 11-37　选择【荧光笔】命令

05 使用荧光笔添加标记：此时幻灯片中将显示一个黄色的小方块，按住鼠标左键不放并拖动鼠标即可为幻灯片中的重点内容添加标记，如图 11-38 所示。

06 选择荧光笔的颜色：在放映视图中右击，从弹出的快捷菜单中选择【指针选项】|【墨迹颜色】命令，然后从弹出的颜色面板中选择【绿色】色块，如图 11-39 所示。

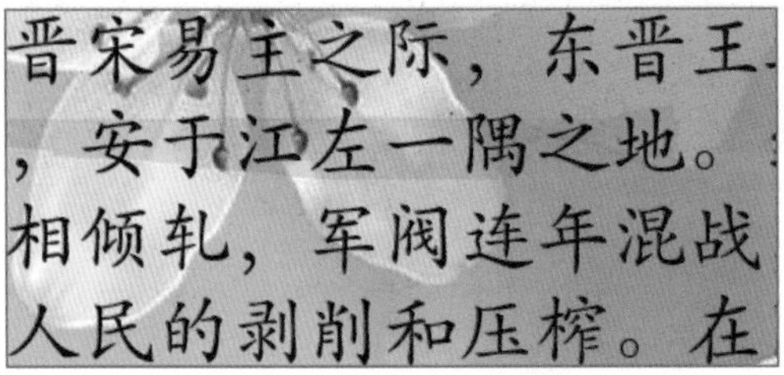

图 11-38　使用荧光笔添加标记

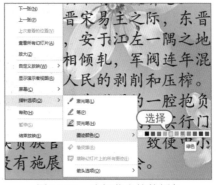

图 11-39　选择荧光笔的颜色

07 保留墨迹颜色：当幻灯片播放完毕后，单击鼠标左键退出放映状态时，系统将弹出对话框询问用户是否保留在放映时所做的墨迹注释，单击【保留】按钮，如图 11-40 所示。

08 查看标记：此时将绘制的标记保留在幻灯片中，效果如图 11-41 所示。

Microsoft PowerPoint
是否保留墨迹注释?
单击
保留(K)
放弃(D)

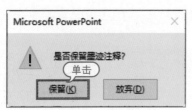

图 11-40　单击【保留】按钮

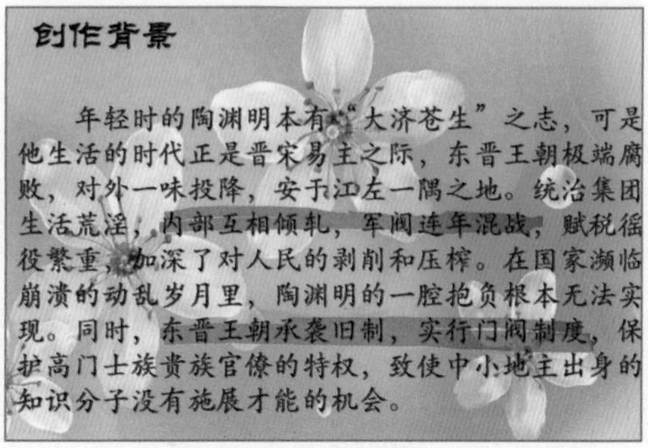

创作背景
年轻时的陶渊明本有"大济苍生"之志，可是他生活的时代正是晋宋易主之际，东晋王朝极端腐败，对外一味投降，安于江左一隅之地。统治集团生活荒淫，内部互相倾轧，军阀连年混战，赋税徭役繁重，加深了对人民的剥削和压榨。在国家濒临崩溃的动乱岁月里，陶渊明的一腔抱负根本无法实现。同时，东晋王朝承袭旧制，实行门阀制度，保护高门士族贵族官僚的特权，致使中小地主出身的知识分子没有施展才能的机会。

图 11-41　查看标记

5 跳转幻灯片

在放映过程中，右击鼠标，在弹出的快捷菜单中选择【上一张】【下一张】【查看所有幻灯片】命令可以快速跳转幻灯片。

01 选择命令跳转：放映幻灯片时，右击鼠标，在弹出的快捷菜单中选择【下一张】或【上一张】命令，如图 11-42 所示，可以跳转到相邻的幻灯片上。

02 选择幻灯片：选择【查看所有幻灯片】命令，在弹出的所有幻灯片缩略图中选择第 4 张幻灯片，即可跳转到第 4 张幻灯片，如图 11-43 所示。

下一张(N)
选择
上一张(P)
上次查看的位置(V)
查看所有幻灯片(A)
放大(Z)
自定义放映(W)
显示演示者视图(R)
屏幕(C)
指针选项(O)
帮助(H)
暂停(S)
结束放映(E)

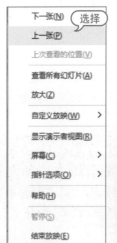

图 11-42　选择【上一张】命令

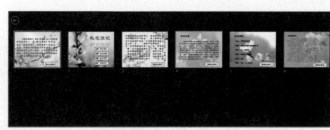

图 11-43　选择第 4 张幻灯片

11.2　发布"教学课件 PPT"

扫一扫 看视频

案例解析

在 PowerPoint 2021 中可以将演示文稿利用联机演示或电子邮件等方式，使其能够与其他用户共享。还可以将演示文稿发布为多种形式，如 PDF/XPS 文档、视频、讲义等。本案例将发布"教学课件 PPT"，然后将演示文稿转换为其他格式的文件以满足读者多用途的需要。发布"教学课件 PPT"的图示和制作流程图分别如图 11-44 和图 11-45 所示。

图示：

图 11-44　发布"教学课件 PPT"图示

制作流程图：

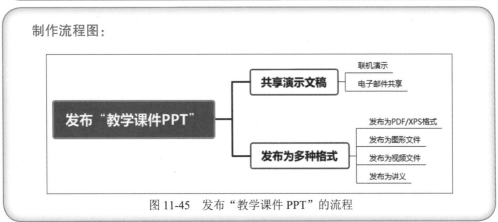

图 11-45　发布"教学课件 PPT"的流程

11.2.1　共享演示文稿

使用联机演示和电子邮件可以将演示文稿共享给其他用户观看。

联机演示

联机演示幻灯片利用 Windows Live 账户或组织提供的联机服务，直接向远程观众呈现所制作的幻灯片。用户可以完全控制幻灯片的进度，而观众只需在浏览器中跟随浏览。使用【联机演示】功能时，需要用户先注册一个 Windows Live 账户。

01 联机演示：打开"教学课件 PPT"演示文稿，单击【文件】按钮，在弹出的界面中选择【共享】选项，在右侧的【共享】界面中选择【联机演示】选项，单击【联机演示】按钮，如图 11-46 所示。

02 显示链接：如果联网成功，即可显示共享的网络链接，如图 11-47 所示，其他用户用网页打开该链接，即可以全屏幕方式开始放映该演示文稿。

图 11-46　联机演示

图 11-47　打开链接

电子邮件共享

读者还可以通过电子邮件发送演示文稿，并且可将演示文稿作为附件发送、以 PDF 形式发送、以 XPS 形式发送、以 Internet 传真形式发送等。

01 选择【电子邮件】选项：单击【文件】按钮，在弹出的界面中选择【共享】选项，在右侧的【共享】界面中选择【电子邮件】选项，单击【作为附件】按钮，如图 11-48 所示。

02 发送电子邮件：随后打开 Outlook 程序，在附件位置显示演示文稿，输入收件人和正文等内容，单击【发送】按钮，如图 11-49 所示。

✏ 高手点拨

　　Office 2021 的三个组件 PowerPoint、Word、Excel 都能够以电子邮件的形式发送文件，操作方法类似。

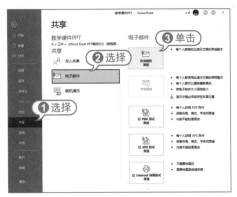
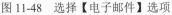

图 11-48　选择【电子邮件】选项

图 11-49　发送电子邮件

11.2.2　发布为多种格式

演示文稿制作完成后，还可以将它们转换为其他格式的文件进行发布，如图片文件、视频文件、PDF 文档等，可以满足用户多用途的需要。

发布为 PDF/XPS 格式

PDF 和 XPS 格式是两种电子印刷品的格式，这两种格式都方便传输和携带。在 PowerPoint 中，可以将演示文稿导出为 PDF/XPS 文档来发布。

01 选择【创建 PDF/XPS 文档】选项：单击【文件】按钮，从弹出的界面中选择【导出】命令，选择【创建 PDF/XPS 文档】选项，单击【创建 PDF/XPS】按钮，如图 11-50 所示。

02 单击【选项】按钮：打开【发布为 PDF 或 XPS】对话框，设置保存文档的路径，单击【选项】按钮，如图 11-51 所示。

图 11-50　选择【创建 PDF/XPS 文档】选项

图 11-51　单击【选项】按钮

03 选中【幻灯片加框】复选框：打开【选项】对话框，在【发布选项】选项区域中选中【幻灯片加框】复选框，保持其他默认设置，单击【确定】按钮，如图 11-52 所示。

04 设置保存类型：返回至【发布为 PDF 或 XPS】对话框，在【保存类型】下拉列表中选择 PDF 选项，单击【发布】按钮，如图 11-53 所示。

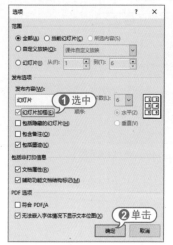

图 11-52　选中【幻灯片加框】复选框　　　　图 11-53　设置保存类型

05 发布为 PDF 格式：发布完成后，自动打开发布为 PDF 格式的文档，如图 11-54 所示。

图 11-54　发布为 PDF 格式

✎ 高手点拨

　　Office 2021 的三个组件 PowerPoint、Word、Excel 都可以创建 PDF/XPS 文档，操作方法类似。

发布为图形文件

PowerPoint 支持将演示文稿中的幻灯片输出为 GIF、JPG、PNG、TIFF、BMP、WMF 及 EMF 等格式的图形文件。这有利于读者在更大范围内交换或共享演示文稿中的内容。

01 选择图形文件类型：单击【文件】按钮，从弹出的界面中选择【导出】命令，在中间窗格的【导出】选项区域中选择【更改文件类型】选项，在右侧【更改文件类型】窗格的【图片文件类型】选项区域中选择【PNG 可移植网络图形格式】选项，单击【另存为】按钮，如图 11-55 所示。

02 保存文件：打开【另存为】对话框，设置保存路径和文件名，单击【保存】按钮，如图 11-56 所示。

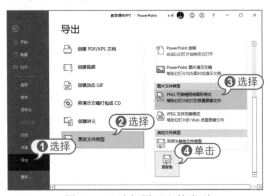

图 11-55　选择图形文件类型

图 11-56　保存文件

03 单击【所有幻灯片】按钮：此时系统会弹出提示对话框，供用户选择输出为图片文件的幻灯片范围，单击【所有幻灯片】按钮，如图 11-57 所示。开始输出图片，完成输出后，自动弹出提示框，单击【确定】按钮即可。

04 查看图片：完成输出后，自动弹出提示框，提示用户每张幻灯片都以独立的方式保存到文件夹中，单击【确定】按钮即可，输出的图片如图 11-58 所示。

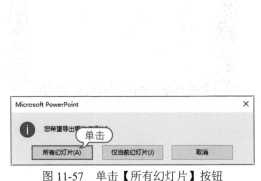

图 11-57　单击【所有幻灯片】按钮

图 11-58　查看图片

3 发布为视频文件

使用 PowerPoint 2021 可以将演示文稿转换为视频内容，以供用户通过视频播放器播放该视频文件，实现与其他用户共享该视频。

01 选择【创建视频】选项：单击【文件】按钮，在弹出的界面中选择【导出】命令，选择【创建视频】选项，并在右侧窗格的【创建视频】选项区域中设置显示选项和放映时间，单击【创建视频】按钮，如图 11-59 所示。

02 保存文件：打开【另存为】对话框，设置视频文件的名称和保存路径，单击【保存】按钮，如图 11-60 所示。

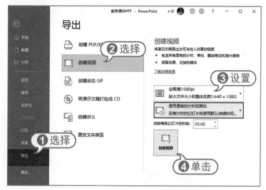

图 11-59　选择【创建视频】选项

图 11-60　保存文件

03 显示进度：此时 PowerPoint 的窗口任务栏中将显示制作视频的进度，如图 11-61 所示。

04 播放视频：制作完毕后，打开视频存放路径，双击视频文件，即可使用计算机中的视频播放器来播放该视频，如图 11-62 所示。

图 11-61　显示进度

图 11-62　播放视频

④ 发布为讲义

在 PowerPoint 中创建讲义是指将 PowerPoint 中的幻灯片、备注等内容发送到 Word 中。

01 选择【创建讲义】选项：单击【文件】按钮，在弹出的界面中选择【导出】命令，选择【创建讲义】选项，单击【创建讲义】按钮，如图 11-63 所示。

02 设置发送选项：打开【发送到 Microsoft Word】对话框，选中【备注在幻灯片下】和【粘贴】单选按钮，单击【确定】按钮，如图 11-64 所示。

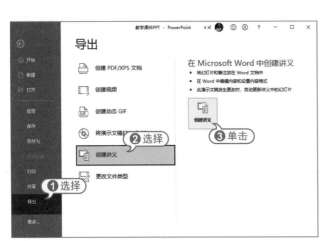 

图 11-63　选择【创建讲义】选项　　　　图 11-64　设置发送选项

03 查看内容效果：发布成功后，将自动在 Word 中打开发布的内容，效果如图 11-65 所示。

图 11-65　查看内容效果

11.3 通关练习

通过前面内容的学习，读者应该已经掌握在 PowerPoint 中设置放映及发布演示文稿的方法，下面介绍放映及发布"公司宣传 PPT"这个案例，用户可以通过练习巩固本章所学知识。

案例解析

当"公司宣传 PPT"制作完成后，需要向商务合作伙伴进行展示并发布，以获得更多的合作机会。本节主要介绍关键步骤，放映及发布"公司宣传 PPT"的图示和制作流程图分别如图 11-66 和图 11-67 所示。

图示：

图 11-66　放映及发布"公司宣传 PPT"图示

制作流程图：

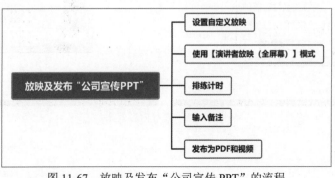

图 11-67　放映及发布"公司宣传 PPT"的流程

关键步骤

01 设置自定义放映：打开"公司宣传 PPT"演示文稿，在【幻灯片放映】选项卡中，单击【开始放映幻灯片】组的【自定义幻灯片放映】按钮，打开【自定义放映】对话框，单击【新建】按钮，打开【定义自定义放映】对话框，在【在演示文稿中的幻灯片】列表中选择第 2、3、4 张幻灯片，然后单击【添加】按钮，将 3 张幻灯片添加到【在自定义放映中的幻灯片】列表中，单击【确定】按钮，如图 11-68 所示。返回【自定义放映】对话框，单击【关闭】按钮设置完毕。

02 使用【演讲者放映 (全屏幕)】模式：打开【幻灯片放映】选项卡，在【设置】组中单击【设置幻灯片放映】按钮，打开【设置放映方式】对话框。在【放映类型】选项区域中选中【演讲者放映 (全屏幕)】单选按钮，然后单击【确定】按钮，即可使用该类型模式，如图 11-69 所示。

图 11-68　【定义自定义放映】对话框

图 11-69　【设置放映方式】对话框

03 排练计时：打开【幻灯片放映】选项卡，在【设置】组中单击【排练计时】按钮，打开【录制】工具栏，开始计时，如图 11-70 所示。

04 输入备注内容：切换到需要添加备注的页面，如第 3 张幻灯片，单击幻灯片下方的【备注】按钮，在打开的备注窗格中输入备注内容，如图 11-71 所示。

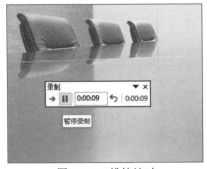

图 11-70　排练计时

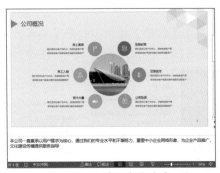

图 11-71　输入备注内容

05 选择从头开始放映：打开【幻灯片放映】选项卡，在【开始放映幻灯片】组中单击【从头开始】按钮，或者直接按 F5 键，开始放映演示文稿，此时进入全屏模式的幻灯片放映视图，如图 11-72 所示。

06 使用荧光笔添加标记：在放映的幻灯片上单击鼠标右键，在弹出的快捷菜单中选择【指针选项】|【荧光笔】命令，此时幻灯片中将显示一个黄色的小方块，按住鼠标左键不放并拖动鼠标即可为幻灯片中的重点内容添加标记，如图 11-73 所示。

图 11-72　选择从头开始放映

图 11-73　使用荧光笔添加标记

07 保留墨迹注释：当幻灯片播放完毕后，单击鼠标左键退出放映状态时，系统将弹出对话框询问用户是否保留在放映时所做的墨迹注释，单击【保留】按钮，如图 11-74 所示。

08 跳转幻灯片：在放映幻灯片时右击，从弹出的快捷菜单中选择【查看所有幻灯片】命令，在打开的所有幻灯片缩略图中选择第 3 张幻灯片，即可跳转到第 3 张幻灯片，如图 11-75 所示。

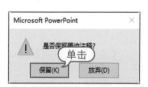

图 11-74　单击【保留】按钮

图 11-75　选择第 3 张幻灯片

09 选择【创建 PDF/XPS 文档】选项：单击【文件】按钮，从弹出的界面中选择【导出】命令，选择【创建 PDF/XPS 文档】选项，单击【创建 PDF/XPS】按钮，如图 11-76 所示。

10 单击【选项】按钮：打开【发布为 PDF 或 XPS】对话框，设置保存文档的路径，单击【选项】按钮，如图 11-77 所示。

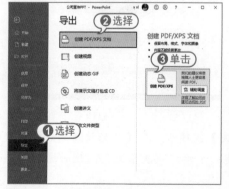

图 11-76　选择【创建 PDF/XPS 文档】选项

图 11-77　单击【选项】按钮

11　选中【幻灯片加框】复选框：打开【选项】对话框，在【发布选项】选项区域中选中【幻灯片加框】复选框，保持其他默认设置，单击【确定】按钮，如图 11-78 所示。

12　发布为 PDF 格式：返回至【发布为 PDF 或 XPS】对话框，单击【发布】按钮。发布完成后，自动打开发布为 PDF 格式的文档，如图 11-79 所示。

图 11-78　设置选项

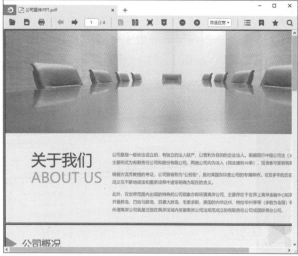

图 11-79　发布为 PDF 格式

13　选择【创建视频】选项：单击【文件】按钮，在弹出的界面中选择【导出】命令，选择【创建视频】选项，在右侧窗格的【创建视频】选项区域中设置显示选项和放映时间，单击【创建视频】按钮，如图 11-80 所示。

14　播放视频：制作完毕后，打开视频存放路径，双击视频文件，即可使用计算机中的视频播放器来播放该视频，如图 11-81 所示。

图 11-80　选择【创建视频】选项

图 11-81　播放视频

11.4　专家解疑

如何导出演示文稿为 GIF 动态图片格式？

　　使用 PowerPoint 2021 可以导出多种图片格式的演示文稿，如 GIF 格式，用户可以在【导出】界面中进行操作。

01　单击【文件】按钮，在弹出的界面中选择【导出】命令，选择【创建动态 GIF】选项，并在右侧窗格的【创建动态 GIF】选项区域中设置显示选项等，单击【创建 GIF】按钮，如图 11-82 所示。

02　打开【另存为】对话框，设置 GIF 图片文件的名称和保存路径，单击【保存】按钮，如图 11-83 所示。

图 11-82　选择【创建动态 GIF】选项

图 11-83　保存文件

03　此时 PowerPoint 的窗口任务栏中将显示制作图片的进度，如图 11-84 所示。

04　双击打开 GIF 格式的图片文件，效果如图 11-85 所示。

图 11-84　显示进度

图 11-85　打开图片

第12章 三组件融合办公处理

在日常工作中，用户可以使用 Word、Excel 和 PowerPoint 等 Office 组件相互协作，以提高工作效率。本章主要介绍 Word 与 Excel 之间的融合办公、Word 与 PowerPoint 之间的融合办公、Excel 与 PowerPoint 之间的融合办公。

本章要点：

- Word 和 Excel 的融合办公
- Excel 和 PowerPoint 的融合办公
- Word 和 PowerPoint 的融合办公
- 三组件综合实例

文档展示：

12.1 "销售报告"和"销售额统计表"的融合办公

扫一扫 看视频

案例解析

　　为了节省输入数据的时间，用户可以在 Word 中导入现有的 Excel 表格或者在 Word 中直接粘贴 Excel 数据，也可以在 Excel 中粘贴 Word 文本。销售报告主要是对一段时间内销售情况的总结，如果已经初步创建了一份销售报告文档，只欠缺关于各区域的销售额统计表，而这张表格已经在 Excel 组件中编辑好，此时可以直接将 Excel 中的销售统计表插入销售报告中。Word 和 Excel 融合办公的图示和制作流程图分别如图 12-1 和图 12-2 所示。

图示：

图 12-1　Word 和 Excel 融合办公图示

制作流程图：

图 12-2　Word 和 Excel 融合办公的流程

12.1.1　在"销售报告"中插入"销售额统计表"

如果想要在 Word 文档"销售报告"中插入已经创建完毕并保存到计算机中的 Excel 表格"销售额统计表"，只需选择该 Excel 表格，然后以链接或图标的形式将其插入文档中，当源文件的数据发生变化时，导入 Word 中的 Excel 表格数据也会随之变化。

01 选择【对象】命令：启动 Word 2021，打开"销售报告"文档，将光标插入点放置在要导入 Excel 表格的位置，在【插入】选项卡中单击【文本】组的【对象】右侧的下拉按钮，从展开的下拉列表中选择【对象】命令，如图 12-3 所示。

02 单击【浏览】按钮：打开【对象】对话框，在该对话框中单击【浏览】按钮，如图 12-4 所示。

图 12-3　选择【对象】命令

图 12-4　单击【浏览】按钮

03 选择 Excel 文件：打开【浏览】对话框，选择需要导入的 Excel 文件，如选择"销售额统计表 .xlsx"，单击【插入】按钮，如图 12-5 所示。

04 选中【链接到文件】复选框：返回【对象】对话框，选中【链接到文件】复选框，单击【确定】按钮，如图 12-6 所示。

图 12-5　选择 Excel 文件

图 12-6　选中【链接到文件】复选框

05 插入表格：返回文档中，此时在光标插入点处显示出"销售额统计表"内容，如图 12-7 所示。

06 更改数据：双击 Word 中导入的工作表，打开"销售额统计表"工作簿，若要更改工作表中的数据，如将 B4 单元格数据更改为"12"，此时可以看到 Word 中数据发生了相应的更改，如图 12-8 所示。

图 12-7　插入表格　　　　　　　　　　图 12-8　更改数据

✏️ **高手点拨**

　　除了可以导入已经创建完毕的 Excel 工作表外，还可在 Word 中插入新的 Excel 工作表。要在 Word 中插入新的 Excel 电子表格，需要在【对象】对话框中完成。在【对象】对话框中切换至【新建】选项卡，在【对象类型】列表框中选择【Microsoft Excel 工作表】选项，单击【确定】按钮，返回文档中，系统将自动在 Word 中新建工作表，读者即可在其中输入需要的数据。

12.1.2　将"销售额统计表"中的部分数据引用到"销售报告"中

　　如果用户只需要 Excel 表格中的部分数据，再采用导入对象的方式就不合适了。这里可以直接采用复制和粘贴的方法，只复制 Excel 中需要的部分数据，然后粘贴到 Word 中。

　　在销售报告中，如果只需要查看各地区各季度的销售情况，而不需要查看其总销售额，那么可利用复制和粘贴的方法只将 Excel 表格中的部分数据引入 Word 文档中。

01 复制 Excel 数据：启动 Excel 2021，打开"销售额统计表"工作簿，选中要引入 Word 中的数据区域，如选中 A3：E7 单元格区域，按 Ctrl+C 组合键复制数据，如图 12-9 所示。

02 粘贴到 Word 中：将光标插入点定位在要粘贴数据的位置，按 Ctrl+V 组合键粘贴要复制的数据，如图 12-10 所示。

图 12-9　复制 Excel 数据

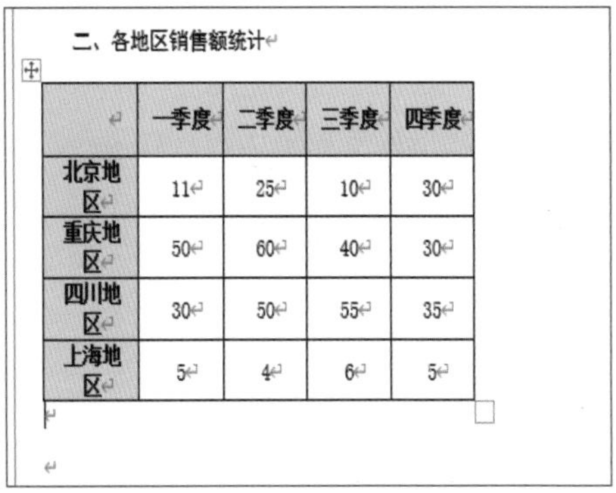

图 12-10　粘贴到 Word 中

12.1.3　将 Word 中的表格转换为 Excel 表格

将 Word 中的数据转换到 Excel 表格中，便于利用 Excel 强大的数据处理和分析功能，对数据进行进一步的分析。方法是采用 Ctrl+C 组合键复制 Word 中的表格，切换至 Excel 中，按 Ctrl+V 组合键粘贴表格。

01　复制 Word 中的表格：打开"销售报告"文档，选中 Word 中的表格，按 Ctrl+C 组合键对其进行复制，如图 12-11 所示。

02　粘贴至 Excel 中：打开"销售额统计表"工作簿，选中要粘贴数据的起始单元格，如 A13 单元格，按 Ctrl+V 组合键粘贴 Word 文档中的表格数据，如图 12-12 所示。

图 12-11　复制 Word 中的表格

图 12-12　粘贴至 Excel 中

高手点拨

如果读者想使插入 Excel 中的 Word 文档可以随原始文件的变化而变化，需要使用插入功能。

要在 Excel 中插入 Word 文档，需要采用插入对象的方式来完成。打开 Excel 工作簿，在【插入】选项卡中单击【对象】按钮，弹出【对象】对话框，切换至【由文件创建】选项卡，单击【浏览】按钮，在弹出的对话框中选择要插入的 Word 文档，如图 12-13 所示。单击【插入】按钮返回【对象】对话框后，可选择【链接到文件】或【显示为图标】两种方式插入 Word 文档，如图 12-14 所示。

图 12-13　【浏览】对话框　　　　　　　　图 12-14　选择插入方式

 ## 12.2 "销售报告"和"销售总结 PPT"的融合办公

扫一扫 看视频

案例解析

利用"销售报告"(Word) 与"销售总结 PPT"(PowerPoint) 之间的相互协作，可大大节省编辑时间。Word 和 PowerPoint 的融合办公图示和制作流程图分别如图 12-15 和图 12-16 所示。

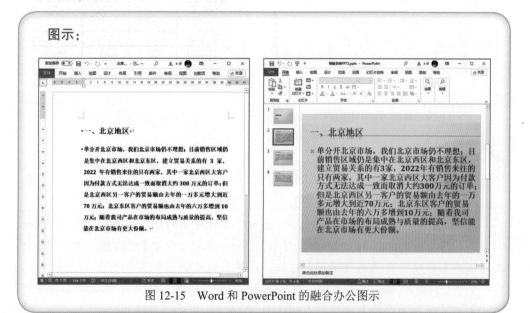

图 12-15　Word 和 PowerPoint 的融合办公图示

制作流程图：

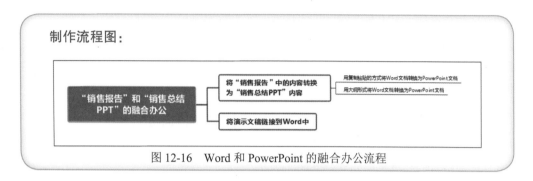

图 12-16　Word 和 PowerPoint 的融合办公流程

12.2.1　将"销售报告"中的内容转换为"销售总结 PPT"内容

将 Word 文档转换为 PowerPoint 演示文稿的方法通常有两种，一种是最简单的直接通过复制、粘贴的方法；另一种是用大纲形式，即先将文档转换为不同级别的大纲形式，然后再将其导入 PowerPoint 演示文稿中。

① 用复制、粘贴的方法将 Word 文档转换为 PowerPoint 文档

Word 中的文本、表格、图片等内容可以直接被复制、粘贴到 PowerPoint 幻灯片中，复制的内容将包含原有的格式。

01 选择并复制文本：打开"销售报告"Word 文档，选择标题文本"各区域销售报告"，然后按 Ctrl+C 组合键进行复制，如图 12-17 所示。

02 粘贴标题文本：打开"销售总结 PPT"演示文稿，切换至第 1 张幻灯片，将插入点置于标题占位符中，按 Ctrl+V 组合键粘贴标题内容，或选择【粘贴】|【保留源格式】选项，如图 12-18 所示。

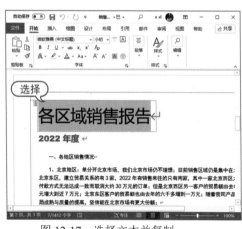

图 12-17　选择文本并复制

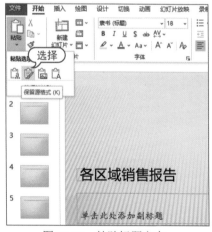

图 12-18　粘贴标题文本

03 粘贴内容：采用相同的方法，在 Word 中选择要复制的内容后按 Ctrl+C 组合键，然后切换至 PowerPoint 对应的幻灯片中，将光标插入点定位在要粘贴的占位符中，

按 Ctrl+V 组合键进行粘贴，图 12-19 所示为粘贴的北京地区销售情况。

04 粘贴表格：如果需要粘贴表格，同样在 Word 中选中表格并进行复制后，切换至对应的幻灯片中，粘贴到占位符中即可，此时表格自动应用当前幻灯片的主题效果，如图 12-20 所示。

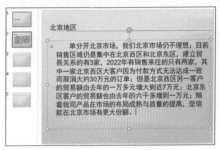
图 12-19　粘贴内容

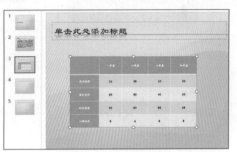
图 12-20　粘贴表格

⬦ 用大纲形式将 Word 文档转换为 PowerPoint 文档

通过复制、粘贴的方法将 Word 文档内容转换为 PowerPoint 演示文稿虽然简单，但需要将 Word 文档中的内容逐一进行复制和粘贴，操作起来有些麻烦且极易出错。我们还可以将 Word 文档中的内容设置为不同的大纲级别，如将正标题设置为 1 级，副标题设置为 2 级，正文内容设置为 3 级，然后使用 PowerPoint 中的幻灯片大纲功能，将 Word 文档中的文本内容按照不同的大纲级别显示。

这里事先已经将各地区的销售情况单独保存在不同的 Word 文档中，并且各文档中的标题级别相同、正文级别也相同，那么可将各地区的销售报告 Word 文档分别导入 PowerPoint 中。

01 输入标题：打开"销售总结 PPT"演示文稿，切换至第 1 张幻灯片中，分别输入其标题"各地销售报告"，副标题"2022 年度"，如图 12-21 所示。

02 选择【幻灯片（从大纲）】选项：在【开始】选项卡中单击【新建幻灯片】按钮，从展开的下拉列表中选择【幻灯片（从大纲）】选项，如图 12-22 所示。

图 12-21　输入标题

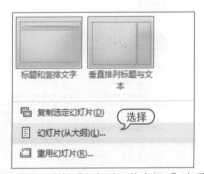
图 12-22　选择【幻灯片（从大纲）】选项

03 选择并插入文档：打开【插入大纲】对话框，选择需插入的 Word 文档保存的位置，然后再选择要插入的文档，这里选择"北京地区销售报告 .docx"文档，然后单击【插入】按钮，如图 12-23 所示。

04 在幻灯片中插入内容：返回幻灯片中，此时可以看到系统自动插入了 Word 文档中的内容，并将标题显示在标题占位符中，而将正文内容显示在内容占位符中，如图 12-24 所示。

图 12-23　选择并插入文档

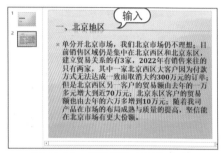

图 12-24　在幻灯片中插入内容

05 插入第 3 张幻灯片：使用相同的方法，在【插入大纲】对话框中选择"重庆地区销售报告.docx"文档，该文档内容将插入第 3 张幻灯片中，如图 12-25 所示。

06 插入第 4 张幻灯片：使用相同的方法，在【插入大纲】对话框中选择"四川地区销售报告.docx"文档，该文档内容将插入第 4 张幻灯片中，如图 12-26 所示。

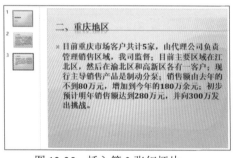

图 12-25　插入第 3 张幻灯片

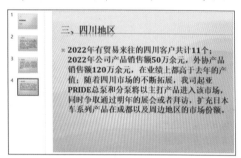

图 12-26　插入第 4 张幻灯片

12.2.2　将演示文稿链接到 Word 中

使用 Word 的超链接功能，不但可以链接到其他文档或 Web 页，也可以链接到其他 Office 组件里，如 Excel 工作簿及 PowerPoint 演示文稿等。

为了达到更直观的展示效果，用户可以将事先制作好的演示文稿以超链接的形式链接到 Word 文档中，使文档的内容更丰富，更具说服力。

01 单击【链接】按钮：打开"销售报告"Word 文档，将光标插入点定位在要插入超链接的位置，然后在【插入】选项卡中单击【链接】按钮，如图 12-27 所示。

02 选择并插入演示文稿：打开【插入超链接】对话框，在【链接到】列表框中选择【现有文件或网页】选项，然后在右侧的列表框中选择要插入的"销售总结 PPT"演示文稿，单击【确定】按钮，如图 12-28 所示。

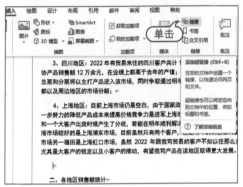

图 12-27　单击【链接】按钮

图 12-28　选择并插入演示文稿

03 单击超链接：返回文档中，此时在光标插入点所在处插入了一个名为"销售总结 PPT.pptx"的超链接，按住 Ctrl 键后单击该超链接，如图 12-29 所示。

04 打开演示文稿：系统自动打开所链接到的"销售总结 PPT"演示文稿，在该演示文稿中可详细浏览内容，如图 12-30 所示。

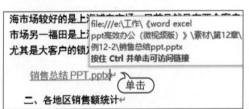

图 12-29　单击超链接

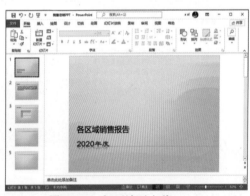

图 12-30　打开演示文稿

 12.3 "销售额统计表"与"销售总结PPT"的融合办公

扫一扫 看视频

案例解析

　　用户经常需要将 Excel 中制作完成的表格数据或图表插入幻灯片中，或者在 Excel 表格中插入演示文稿的链接。比如在"销售总结PPT"演示文稿中插入"销售额统计表"表格数据，为演示文稿提供更具说服力的数据。其图示和制作流程图分别如图 12-31 和图 12-32 所示。

图示：

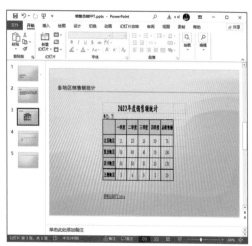

图 12-31　Excel 和 PowerPoint 的融合办公图示

制作流程图：

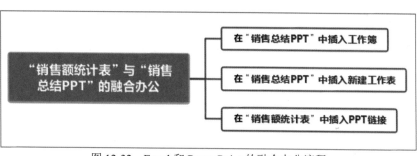

图 12-32　Excel 和 PowerPoint 的融合办公流程

12.3.1 在"销售总结 PPT"中插入工作簿

在"销售总结 PPT"中，由于缺少相应的统计数据，因此需要将"销售额统计表"中的表格数据插入指定的幻灯片中。

01 单击【对象】按钮：打开"销售总结 PPT"演示文稿，切换至需要插入表格数据的幻灯片，这里选择第 3 张幻灯片，在【插入】选项卡中单击【对象】按钮，如图 12-33 所示。

02 由文件创建：打开 【插入对象】对话框，选中【由文件创建】单选按钮，再单击【浏览】按钮，如图 12-34 所示。

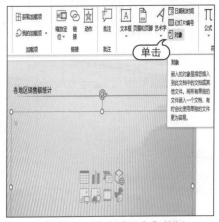
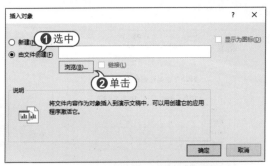

图 12-33　单击【对象】按钮　　　　图 12-34　由文件创建

03 选择并插入工作簿：打开【浏览】对话框，选择要插入的文件的保存位置，然后选择要插入的"销售额统计表"工作簿，单击【确定】按钮，如图 12-35 所示。

04 选中【链接】复选框：返回【插入对象】对话框，选中【链接】复选框，单击【确定】按钮，如图 12-36 所示。

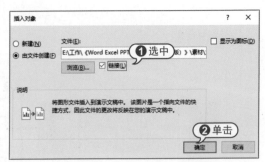

图 12-35　选择并插入工作簿　　　　图 12-36　选中【链接】复选框

05 插入表格：返回幻灯片中，此时，可以看到在幻灯片中插入了"销售额统计表"工作簿的表格，如图 12-37 所示。

06 打开工作簿：双击幻灯片中的表格，系统自动打开"销售额统计表"工作簿，如图 12-38 所示。在工作簿中修改数据，修改后幻灯片中的数据也会跟着变化。

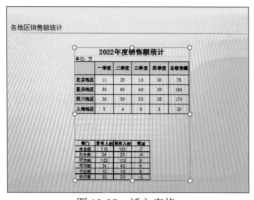

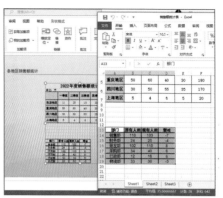

图 12-37　插入表格　　　　　　　　　　图 12-38　打开工作簿

12.3.2　在"销售总结 PPT"中插入新建工作表

除了可以在 PowerPoint 中插入已经创建完毕的 Excel 工作表，还可以在 PowerPoint 中插入一个空白的新建 Excel 工作表。

01 单击【对象】按钮：打开"销售总结 PPT"演示文稿，切换至需要插入 Excel 工作表的幻灯片，这里选择第 4 张幻灯片，在【插入】选项卡中单击【对象】按钮，如图 12-39 所示。

02 选择并新建工作表：打开【插入对象】对话框，选中【新建】单选按钮，然后在【对象类型】列表框中选择【Microsoft Excel Binary Worksheet】选项，单击【确定】按钮，如图 12-40 所示。

图 12-39　单击【对象】按钮　　　　　　图 12-40　选择并新建工作表

03 插入空白工作表：返回幻灯片中，此时在该幻灯片中插入一个空白的 Excel 工作表，工作表呈编辑状态，如图 12-41 所示。

04 调整表格：在空白的工作表中输入需要的数据，如同在 Excel 组件中一样，用户可以在输入数据后适当调整字体大小、行列宽度等，并拖动四周的控制点，调整表格的大小，隐藏多余的空白单元格，调整完毕后单击幻灯片的空白处退出编辑状态，如图 12-42 所示。

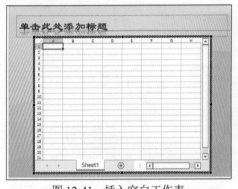

图 12-41 插入空白工作表

图 12-42 调整表格

12.3.3 在"销售额统计表"中插入 PPT 链接

在 Excel 中也可以插入 PowerPoint 文件，插入方法与前面介绍的在 Word 文档中插入 PowerPoint 文件的方法类似。

01 单击【链接】按钮：打开"销售额统计表"工作簿，选中要插入超链接的单元格，如 A10 单元格，然后在【插入】选项卡中单击【链接】按钮，如图 12-43 所示。

02 选择并插入演示文稿：打开【插入超链接】对话框，在【链接到】列表框中选择【现有文件或网页】选项，选择【当前文件夹】选项，选择"销售总结 PPT"演示文稿，单击【确定】按钮，如图 12-44 所示。

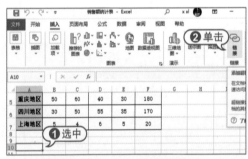

图 12-43 单击【链接】按钮

图 12-44 选择并插入演示文稿

03 单击超链接：返回文档中，此时在 A10 单元格中插入了一个名为"销售总结PPT.pptx"的超链接，按住 Ctrl 键后单击该超链接，如图 12-45 所示。

04 打开演示文稿：系统自动打开所链接到的"销售总结 PPT"演示文稿，在该演示文稿中可详细浏览内容，如图 12-46 所示。

图 12-45　单击超链接　　　　　　图 12-46　打开演示文稿

05 新建演示文稿的链接：此外还可以在 Excel 中制作一个新建演示文稿的链接，只需打开【插入超链接】对话框，在【链接到】列表框中单击【新建文档】按钮，在【新建文档名称】文本框中输入需要新建演示文稿的名称"新建销售 PPT"，选中【开始编辑新文档】单选按钮，单击【更改】按钮，如图 12-47 所示。

06 设置保存位置：打开【新建文档】对话框，设置新建演示文稿的保存位置和文件名，单击【确定】按钮，如图 12-48 所示。

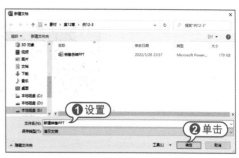

图 12-47　新建演示文稿的链接　　　　　图 12-48　设置保存位置

07 选中【开始编辑新文档】单选按钮：返回【插入超链接】对话框，选中【开始编辑新文档】单选按钮，单击【确定】按钮，如图 12-49 所示。

08 打开链接的新建的演示文稿：此时，系统自动新建一个名为"新建销售 PPT"演示文稿，用户可以添加幻灯片对其进行编辑，如图 12-50 所示。

图 12-49　选中【开始编辑新文档】单选按钮　　　图 12-50　打开链接的新建的演示文稿

12.4 三组件综合实例操作

在学习了前面章节所介绍的 Office 2021 三组件的知识后，本节将通过制作多个实例来串联各个知识点，帮助用户加深与巩固所学知识。

案例解析

下面将使用 Word 的图文混排功能制作"入场券"文档；使用 Excel 的数据透视表的分析功能制作"店铺销售数据透视表"工作簿；使用 PowerPoint 的插图和动画功能制作"我的相册"演示文稿。图示和流程图分别如图 12-51 和图 12-52 所示。

图示：

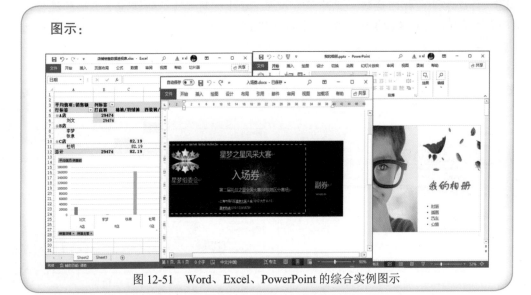

图 12-51　Word、Excel、PowerPoint 的综合实例图示

制作流程图：

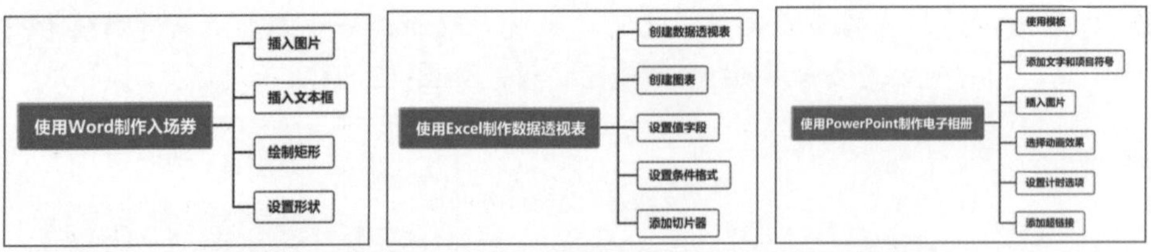

图 12-52　Word、Excel、PowerPoint 的综合实例制作流程

12.4.1　使用 Word 制作入场券

使用 Word 2021 制作一个入场券文档，帮助用户巩固所学的 Word 图文混排的综合知识。

01 插入图片：启动 Word 2021，创建一个空白文档后，选择【插入】选项卡，在【插图】组中单击【图片】按钮，在弹出的菜单中选择【此设备】命令，在弹出的【插入图片】对话框中选择一个图片文件，单击【插入】按钮，如图 12-53 所示。

02 设置图片大小：选择【图片格式】选项卡，在【大小】组中将【形状高度】设置为 6.36 厘米，将【形状宽度】设置为 17.5 厘米，如图 12-54 所示。

图 12-53　插入图片

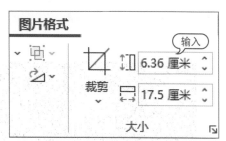

图 12-54　设置图片大小

03 选择【衬于文字下方】命令：选择文档中的图片，右击鼠标，在弹出的快捷菜单中选择【环绕文字】|【衬于文字下方】命令，如图 12-55 所示。

04 插入文本框：选择【插入】选项卡，在【文本】组中单击【文本框】按钮，在弹出的菜单中选择【绘制横排文本框】命令，在图片上绘制一个文本框，并在【图片格式】选项卡中分别单击【形状填充】和【形状轮廓】下拉按钮，设置无填充颜色和无形状轮廓，并设置大小，如图 12-56 所示。

图 12-55　选择【衬于文字下方】命令

图 12-56　插入文本框

05 输入文本：选中文本框并在其中输入文本，设置【字体】为【微软雅黑】，【字号】为【小二】，【字体颜色】为金色，如图 12-57 所示。

06 插入其他文本框：按照同样的方法在文档中插入其他文本框，并设置文本的格式、大小和颜色，效果如图 12-58 所示。

图 12-57 输入文本

图 12-58 插入其他文本框

07 调整图片：在文档中插入一个图片并右击，在弹出的快捷菜单中选择【环绕文字】|【浮于文字上方】命令，调整图片的环绕方式，然后按住鼠标左键并拖动，调整图片位置，效果如图 12-59 所示。

08 绘制矩形：在【插入】选项卡的【插图】组中单击【形状】下拉按钮，在展开的库中选择【矩形】选项，在文档中绘制一个矩形，效果如图 12-60 所示。

图 12-59 调整图片

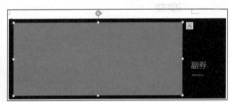

图 12-60 绘制矩形

09 选择形状样式：打开【形状格式】选项卡，在【形状样式】组中单击【其他】按钮▾，在展开的库中选择一种样式，如图 12-61 所示。

10 设置形状轮廓：在【形状样式】组中单击【形状轮廓】下拉按钮，在弹出的下拉菜单中选择【虚线】|【其他线条】命令，打开【设置形状格式】窗格，在该窗格中设置【短画线类型】为【短画线】，设置【宽度】为【1.75 磅】，如图 12-62 所示。

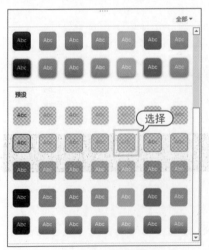

图 12-61 选择形状样式

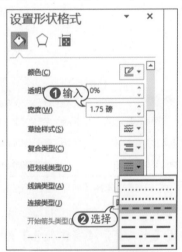

图 12-62 设置形状轮廓

11 选择【组合】命令：按住 Shift 键选中文档中的所有对象，右击鼠标，在弹出的快捷菜单中选择【组合】|【组合】命令，如图 12-63 所示，使其组合为一个对象。

12 查看效果：最后查看入场券文档的效果，如图 12-64 所示。

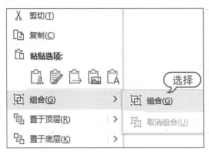

图 12-63　选择【组合】命令

图 12-64　查看效果

12.4.2　使用 Excel 制作数据透视表

使用 Excel 的数据透视表可以将表格数据整合到一张透视表中，在透视表中，通过设置字段等，可以对比查看不同店铺的商品销售情况。

扫一扫 看视频

01 创建数据透视表：启动 Excel 2021，打开"店铺销售数据透视表"工作簿，单击【插入】选项卡的【数据透视表】按钮，在弹出的菜单中选择【表格和区域】命令，打开【来自表格或区域的数据透视表】对话框，设置【表/区域】为表格中的所有数据区域，选中【新工作表】单选按钮，单击【确定】按钮，如图 12-65 所示。

02 查看创建的透视表：创建数据透视表后，效果如图 12-66 所示。

图 12-65　创建数据透视表

图 12-66　查看创建的透视表

03 设置透视表字段：在【数据透视表字段】窗格中选中需要的字段，使用拖动的方法，将字段拖动到相应的位置，如图 12-67 所示。

04 查看设置后的透视表：查看设置完成的透视表。完成字段选择与位置调整后，从表中可以清晰地看到不同店铺的不同商品销量情况，效果如图 12-68 所示。

图 12-67　设置透视表字段

图 12-68　查看设置后的透视表

05 创建图表：利用数据透视表中的数据，可以创建各种图表，将数据可视化，方便进一步分析数据。单击【插入】选项卡下的【二维柱形图】按钮，在弹出的菜单中选择【簇状柱形图】选项，如图 12-69 所示，将店铺的销售数据制作成图表。

06 查看创建的图表：此时根据数据透视表中的数据生成图表，效果如图 12-70所示。

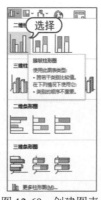

图 12-69　创建图表

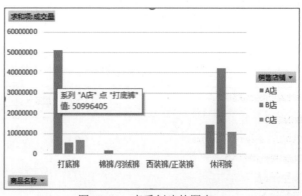

图 12-70　查看创建的图表

07 重新选择字段：通过设置，将求和改成平均值，对比不同店铺的销售平均数大小。首先需要重新选择字段，在【数据透视表字段】窗格中选中【商品名称】【销售额】【销售主管】【销售店铺】4 个复选框，设置字段位置，此时销售额默认的是【求和项】，如图 12-71 所示。

08 设置值字段：在数据透视表中右击任意单元格，选择快捷菜单中的【值字段设置】命令，打开【值字段设置】对话框，选择【计算类型】为【平均值】，单击【确定】按钮，如图 12-72 所示。

图 12-71　重新选择字段

图 12-72　设置值字段

09 设置条件格式：此时可以显示不同店铺中不同商品的销售额平均值，为了更好地区别数据，用户可以单击【开始】选项卡【格式】组中的【条件格式】按钮，选择下拉列表中的【色阶】|【绿 - 白色阶】选项，如图 12-73 所示。

10 查看透视表效果：此时数据透视表就按照表格中的数据填充上深浅不一的颜色。通过颜色对比，可以很快分析出哪个店铺的销售额平均值最高，哪种商品的销售额平均值最高，哪位销售主管的业绩平均值最高，如图 12-74 所示。

图 12-73　设置条件格式

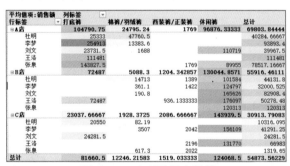

图 12-74　查看透视表效果

11 添加切片器：制作出来的数据透视表的数据项目往往比较多，如店铺的商品销售透视表，有各个店铺的数据。此时可以通过 Excel 2021 的切片功能，来筛选特定的项目，让数据更加直观地呈现。在数据透视表中，选择【数据透视表分析】选项卡，单击【筛选】组中的【插入切片器】按钮，如图 12-75 所示。

12 选中数据项目：打开【插入切片器】对话框，选中需要的数据项目【销售店铺】，然后单击【确定】按钮，如图 12-76 所示。

图 12-75　单击【插入切片器】按钮

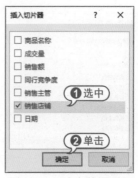

图 12-76　选中数据项目

13 根据店铺筛选：此时会弹出切片器筛选对话框，选择其中一个店铺选项，数据透视表中仅显示该店铺在不同时间的不同商品的销量，如图 12-77 所示。

14 根据日期筛选：单击切片器上方的【清除筛选器】按钮 可以清除筛选，然后使用相同方法，选择查看 5 月的销售数据，如图 12-78 所示。

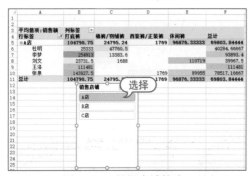

图 12-77　根据店铺筛选

图 12-78　根据日期筛选

12.4.3　使用 PowerPoint 制作电子相册

扫一扫 看视频

本例将在新建的"我的相册"演示文稿中制作电子相册幻灯片。

01 输入文本：启动 PowerPoint 2021，在【新建】界面中的文本框内输入"相册"，如图 12-79 所示，按下 Enter 键。

02 单击模板：在打开的搜索结果界面中单击一个演示文稿模板，如图 12-80 所示。

图 12-79　输入"相册"

图 12-80　单击模板

03 单击【创建】按钮：在打开的对话框中单击【创建】按钮，如图 12-81 所示，使用模板创建一个新演示文稿。

04 选中新建演示文稿的第一张幻灯片，并将鼠标指针插入【相册标题】文本框中，如图 12-82 所示。

图 12-81　单击【创建】按钮

图 12-82　将鼠标指针插入文本框中

05 输入并设置文本：输入文字"我的相册"，然后选中输入的文字，在【开始】选项卡的【字体】组中设置文字的字体为"方正舒体"，字号为 60，如图 12-83 所示。

06 添加项目符号：单击选中幻灯片中的副标题，然后输入文字，并在【开始】选项卡的【段落】组中单击【项目符号】按钮，为输入的文字添加项目符号，如图 12-84 所示。

图 12-83　输入并设置文本

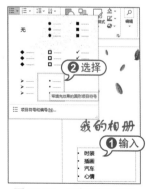

图 12-84　添加项目符号

07 删除图片并单击【图片】按钮：选中并删除第一张幻灯片中由模板自动生成的图片，单击幻灯片中的【图片】按钮 🖼，如图 12-85 所示。

08 选择并插入图片：打开【插入图片】对话框，在该对话框中选中一张图片，单击【插入】按钮，如图 12-86 所示。

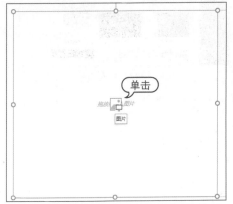
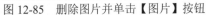
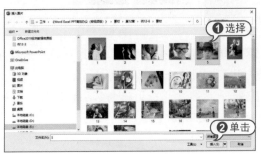

图 12-85　删除图片并单击【图片】按钮　　　图 12-86　【插入图片】对话框

09 调整图片的大小和位置：将选中的图片插入幻灯片后，调整其大小和位置，效果如图 12-87 所示。

10 插入图片：选择【插入】选项卡，然后单击【图像】组中的【图片】按钮，在弹出的菜单中选择【此设备】命令，在打开的【插入图片】对话框中选中一张图片后，单击【插入】按钮，在幻灯片中插入第 2 张图片，并调整图片的大小和位置，如图 12-88 所示。

图 12-87　调整图片的大小和位置　　　　　图 12-88　插入图片

11 选择【轮子】动画：按住 Ctrl 键，同时选中界面中插入的两张图片，然后选择【动画】选项卡，在【动画】组中选择【轮子】动画效果，如图 12-89 所示。

12 选择计时选项：在【动画】选项卡的【计时】组中单击【开始】下拉按钮，在弹出的下拉列表中选择【与上一动画同时】选项，如图 12-90 所示。

图 12-89　选择【轮子】动画效果

图 12-90　选择【与上一动画同时】选项

13 插入图片：选择【插入】选项卡，然后单击【图像】组中的【图片】按钮，在弹出的菜单中选择【此设备】命令，在打开的【插入图片】对话框中选中一张图片后，单击【插入】按钮，在幻灯片中插入第 3 张图片，并调整图片的大小和位置，如图 12-91 所示。

14 插入图片：选择【插入】选项卡，然后单击【图像】组中的【图片】按钮，在弹出的菜单中选择【此设备】命令，在打开的【插入图片】对话框中选中一张图片后，单击【插入】按钮，在幻灯片中插入第 4 张图片，并调整图片的大小和位置，如图 12-92 所示。

图 12-91　插入图片

图 12-92　插入图片

15 插入图片：参考前面的方法，在第 1 张幻灯片中插入第 5 张图片，如图 12-93 所示。

16 选择【缩放】动画：选中后 3 张插入的图片，参考前面的方法，在【动画】选项卡的【动画】组中为图片添加【缩放】动画效果，如图 12-94 所示。

图 12-93　插入图片

图 12-94　选择【缩放】动画效果

17 设置计时选项：在【动画】选项卡的【计时】组中单击【开始】下拉按钮，在弹出的下拉列表中选择【上一动画之后】选项，然后在【延迟】文本框中输入"00.25"，如图 12-95 所示。

18 插入图片：单击【插入】选项卡中的【图片】按钮，在弹出的菜单中选择【此设备】命令，在打开的【插入图片】对话框中选中一张图片后，单击【插入】按钮，将该图片插入幻灯片中。接下来调整幻灯片中图片的位置和大小，如图 12-96 所示。

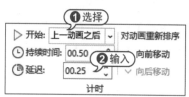

图 12-95　设置计时选项

图 12-96　插入图片

19 选择【轮子】动画：选中上一步插入的图片后，在【动画】选项卡的【动画】组中为图片添加【轮子】动画效果，如图 12-97 所示。

20 设置计时选项：在【计时】组中设置动画在上一动画之后播放，延迟为00.50，如图 12-98 所示。

图 12-97　选择【轮子】动画

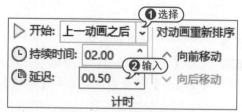

图 12-98　设置计时选项

21 输入标题文本：在预览窗格中选中第 2 张幻灯片，删除 1 张图片，在标题文本框中输入"时装"，并设置字体和颜色，如图 12-99 所示。

22 选择并插入图片：单击幻灯片中的【图片】按钮，然后在打开的【插入图片】对话框中选中一张图片，并单击【插入】按钮，如图 12-100 所示。

图 12-99　输入标题文本　　　　　　　图 12-100　选择并插入图片

23 选择【浮入】动画：选中插入的图片，在【动画】选项卡的【动画】组中为图片添加【浮入】动画效果，如图 12-101 所示。

24 选择【推入】切换效果：在预览窗格中选中第 2 张幻灯片，在【切换】选项卡中选择【推入】切换效果，如图 12-102 所示。

图 12-101　选择【浮入】动画　　　　图 12-102　选择【推入】切换效果

25 插入图片和输入文本：在预览窗格中选中第 3 张幻灯片，然后参照前面介绍的方法，在编辑窗口中插入图片并输入标题文本，如图 12-103 所示。

图 12-103　插入图片和输入文本

26 选择【帘式】切换效果：选中第 3 张幻灯片，在【切换】选项卡中选择【帘式】切换效果，如图 12-104 所示。

27 选择并插入图片：在预览窗格中选中第 4 张幻灯片，删去原有 3 张图片，分别单击幻灯片中的 3 个【图片】按钮，打开【插入图片】对话框，选择图片并插入幻灯片中，如图 12-105 所示。

图 12-104　选择【帘式】切换效果

图 12-105　【插入图片】对话框

28 输入文本：在原有的黄色文本框内输入标题"插画"，然后添加一个横排文本框并输入文本，分别设置其字体和颜色，如图 12-106 所示。

29 选择【旋转】动画：选中插入的 3 张图片，在【动画】选项卡的【动画】组中为图片添加【旋转】动画效果，如图 12-107 所示。

图 12-106　输入文本

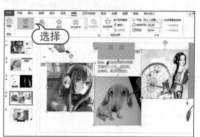

图 12-107　选择【旋转】动画

30 插入图片并输入文本：选中第 5 张幻灯片，然后在幻灯片中插入图片并输入文本，如图 12-108 所示。

图 12-108　插入图片并输入文本

31 插入图片并输入文本：添加第 6 张幻灯片，然后在幻灯片中插入图片并输入文本，如图 12-109 所示。

图 12-109　插入图片并输入文本

32 插入图片并输入文本：添加第 7、8、9 张幻灯片，然后在幻灯片中插入图片并输入文本，如图 12-110 所示。

图 12-110　插入图片并输入文本

33 插入图片并输入文本：添加第 10、11 张幻灯片，然后在幻灯片中插入图片并输入文本，如图 12-111 所示。

图 12-111　插入图片并输入文本

34 选择【超链接】命令：选中并右击第 1 张幻灯片中的文本"时装"，在弹出的快捷菜单中选择【超链接】命令，如图 12-112 所示。

35 设置超链接：在打开的【插入超链接】对话框中设置文字"时装"链接至第 2 张幻灯片，如图 12-113 所示。

图 12-112　选择【超链接】命令

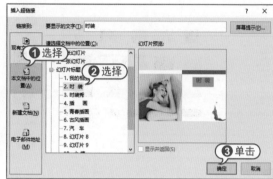

图 12-113　设置超链接

36 链接文本：使用同样的方法设置第 1 张幻灯片中的"插画""汽车""心情"文本分别链接至第 4、7、10 张幻灯片，完成后的效果如图 12-114 所示。

37 选择【悬挂】效果：选择其余没有添加切换效果的幻灯片，在【切换】选项卡的【切换到此幻灯片】组中设置幻灯片的切换方式为【悬挂】效果，如图 12-115 所示。

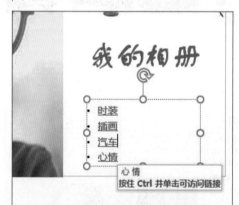

图 12-114　链接文本

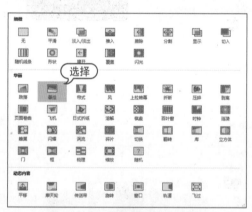

图 12-115　选择【悬挂】效果